JN198517

みんなの アジャイル

AGILE

編著：
おやかた
コサカジュンキ(J.K)

技術評論社

をする機会がないような現場の数々を覗き見できちゃうような擬似体験が得られます。

▶ 1冊の中でもコミュニティが感じられる

アジャイルとの出会いから、それぞれの現場における実践まで、三者三様、千差万別なお話の中には、「あれ、これはさっきほかの人もいっていたことだ」と感じられる場面に遭遇するでしょう。それはきっと、これを読んでいる方も既視感があったり、近い将来遭遇する場面となったりする可能性が高いですし、次の一歩を踏み出すきっかけにもなります。この気づきは、コミュニティで得られる体験そのものです。

▶ アジャイルについて自分の中で納得できる

本書は、アジャイルについてのHow（どのように・どうやって）の要素が極端に少なく、Why（なぜ）やWhat（何を）に関する経験がふんだんに盛り込まれております。経験や立場が異なる著者さんの体験と読者の経験との重なり合いが見つかると、「あ、自分もこのままでいいのかも」「みんなここで苦労するんだ」といった共感から勇気を得られたり、その結果として未来の実践、そして実践からの納得感につながっていきます。

結局アジャイルってなんなの？

私がひとつ答えをあげるとしたら、「アジャイルソフトウェア開発宣言」[1]のことです、となります。

それがわかったようでわからないから本書を手に取ったと思いますし、私たちもまた、答えを見つける途中だと思うのです。

この「アジャイルソフトウェア開発宣言」が20年以上前に誕生した背景には、よりよいソフトウェア開発の方法を見つけ出そうとしている過程で、次のような考えが根底にあります。

＊1）https://agilemanifesto.org/iso/ja/manifesto.html

はじめに

　本書を手にとっていただき、ありがとうございます。三島のアジャイルオタク、J.Kことコサカジュンキと申します。

　みなさんは「アジャイル」と聞いて、どんなことを思い浮かべますか。

- 聞いたことあるけど、なんかよさそう
- 検索しても、クルッとした絵しか出てこないんですけど……
- 学校や職場で取り組んでみているけど、なんだかうまくいかない

　少しでも当てはまるあなたは、本書にピッタリの読者です。

　はじめての経験、はじめてのアジャイル。何が正解かわからない不安と向き合いながら、本やWebに書かれているとおりにやってみる。

　そんなストーリーがアジャイルと出会った人の数だけあることを、私は知っています。

　つい「自分の経験なんて……」と縮こまった発言をしてしまいがちですが、あなたの目の前で起こったことは、あなたにしか経験することができません。ほかの現場で同じことをしても、別なことが起こります。つまり、1人1人の実践知が共有されることによって、お互いの経験にともなうエピソードと混ざり合い、新しい視点が生まれたり、「次はこのアイデアを試してみよう」といった前向きな想いが湧き起こったりするのです。

　誰かの経験が他の誰かのためになる——私はこの過程をアジャイルと向き合う人たちが学校や会社の垣根を超えて集まる「コミュニティ」で目の当たりにしたり、積み重ねたりしてきました。本書では、私たちのそんな体験や、体験から生まれてきた経験にもとづいたお話を一度に読むことができます。

本書の特徴

▶ たくさんの著者さんが寄稿している

　アジャイルの経験も職場も役割もさまざまな著者さんたちに寄稿いただいております。

　この実践知が共有される機会はとても貴重です。1冊を通じて、普段お話

目次

- 顧客を大切にする
- 会社・組織も大切にする
- 自分自身も大切にする

　1人1人が人間らしく活動して、周りとときに支え合い、ときに切磋琢磨し合い、その結果、社会がちょっとよい未来にたどり着く。これらをサスティナブルに続けていく方法が、アジャイルには詰め込まれています。

　本書との出会いが、私とあなたとの重なり合いが、これからの活動や判断・意思決定がアジャイルになることにつながりますように。

2024年10月
J.Kことコサカジュンキ

第1章

アジャイルの
はじまりを学ぼう

1.1 アジャイルとはやり方ではなくあり方である

1.1.1　アジャイルって？

「アジャイル」という言葉が一般的になってずいぶんと経ちます。

例えば、プロジェクトマネジメントの知識体系ガイドである「プロジェクトマネジメント知識体系ガイド（PMBOKガイド）」を見てみると、2017年に発行された第6版まではウォーターフォール型開発のような開発モデル*1が主たるモデルとされつつも、ここでアジャイルの内容がはじめて本文に組み込まれました。

さらに、2021年に発行された第7版*2では、「価値を提供する」ことに重きを置いた、アジャイルなプロジェクトマネジメントを行うための知識体系へと大きく変貌を遂げました。

昨今では、ソフトウェア開発やプロジェクトマネジメント以外のいろいろな分野に波及しており、相変わらずアツい「アジャイル」ですが、そもそも「アジャイル」はどういった経緯で必要となり、一般的になっていったのでしょうか。

本章では、その思想やあり方を手っ取り早く、かつ深く理解するために、まずは「アジャイル」が発生するにいたったソフトウェア開発手法の発展の歴史を追うことで、アジャイルが求められるようになった背景について学んでいきましょう！

＊1）立ち上げから集結までが一直線となるようなプロジェクトをベースとするものです。

＊2）https://www.pmi-japan.shop/shopdetail/000000000028/

1.1.2　アジャイルが求められた背景って?

　ソフトウェア開発の黎明期(1970年頃)は国内外を問わず、情報システム産業全体の課題として、ソフトウェア開発の生産性やソフトウェア品質が非常に悪いことが大きな問題となっており、この問題に対していろいろな開発手法が提案されました。具体的には、ウォーターフォール型開発モデルや、構造化プログラミングといった、現在でも用いられている手法が提案され、さまざまなプロジェクトで実践されていきました。

　ここではまず、「ウォーターフォール型開発モデル」の興りについて、あらためて当時(1970年頃)の状況を整理してみたいと思います。ソフトウェア開発の生産性やソフトウェア品質が悪いという課題に対し、当時(1970年頃)のITの専門家たちが参考としたのが建設や製造業分野のプロジェクト管理手法です。これは当時、建設や製造業分野の開発プロセスが、プロセスとしてソフトウェア開発に一番近いモデルで開発を行っていると考えられたためです。これを踏まえ、建築や製造業のプロジェクト管理手法をソフトウェア開発に適用したのが、最初のソフトウェア開発手法であるウォーターフォール型開発モデルです。

　なぜ、これらのプロジェクト管理手法がソフトウェア開発の管理手法として適した手法であると考えられたのでしょうか? 建設分野・製造分野(特にオーダーメイド品生産)の開発管理手法は、「毎回異なるものを作り、前と丸々同じものを作ることはほぼない」という点で、ソフトウェア開発手法と非常に近しいと当時考えられていたためです。なお、当時現役のITエンジニアだった諸先輩にこの頃の話を聞くと、「開発管理手法が確立していなかった当時のソフトウェア開発(およびそのプロジェクト管理手法)からすると、非常に革新的だった」そうです。

　ウォーターフォール型開発は、開発プロジェクトを複数の作業工程に分割し、次のような運用ルールで進めるものです。

- 前工程が完了しないと次工程に進まない
- 次工程に進んだあと、前工程には決して戻らない
- 開発途中での追加や変更は原則として受け入れない

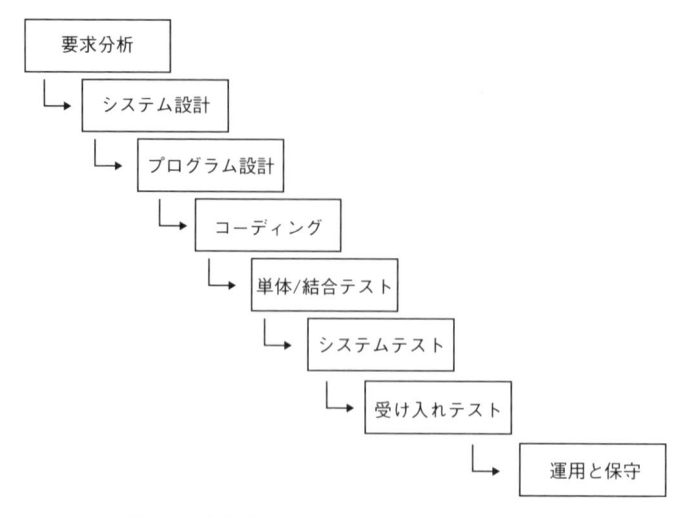

図1.1　古典的なウォーターフォールモデルの例

※　モデルは『ソフトウェア工学：理論と実践』（ピアソン・エデュケーション,2001）、54ページから引用。
　　以下、『ソフトウェア工学：理論と実践』と記載する。原著は1998年に出版された。

　なお、このウォーターフォール型開発モデルは『ソフトウェア工学：理論と実践』でも、「ソフトウェアのプロジェクトは、家建築のプロセスに似た方法で進行する」（26ページ）と記載されています。実際、少なくとも20世紀においては、ウォーターフォール型開発モデル（とそれを発展させたモデル）が主たるソフトウェア開発管理手法であるとされていました。

　また、ウォーターフォール型開発モデルが世に出たあと、これを発展や応用したさまざまな開発モデルが考案され、実際の開発手法として運用されました。

　ここで、それら開発手法の代表的なモデルをあげてみましょう。

- V モデル：ウォーターフォール型開発モデルのテストの部分を設計の工程
  に対応させたもの（図1.2）

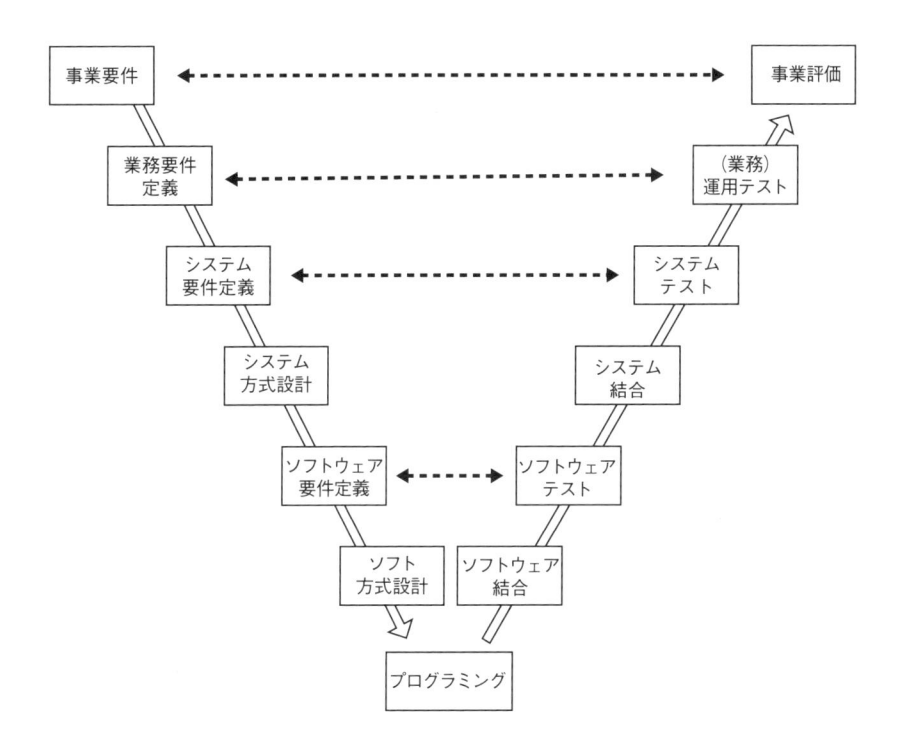

図1.2　現代的なV モデルの例

※　モデルは『SEC BOOKS：共通フレーム2013』（独立行政法人情報処理推進機構,2013）、305ページから
一部抜粋して引用。

- プロトタイピングモデル：ウォーターフォール型開発におけるリスクと不
  確実性を減らすために、構築すべきシステムの全部ないし一部を試作して
  検証し、その後システム全体を作るもの

- スパイラルモデル：計画、目標・代替案・制約の決定、代替案とリスクの評価、開発とテストの各工程を何周も繰り返しながら、一周ごとに設計→開発→テストと段階を追って進めていくことで、ソフトウェア開発を行うもの（図1.3）

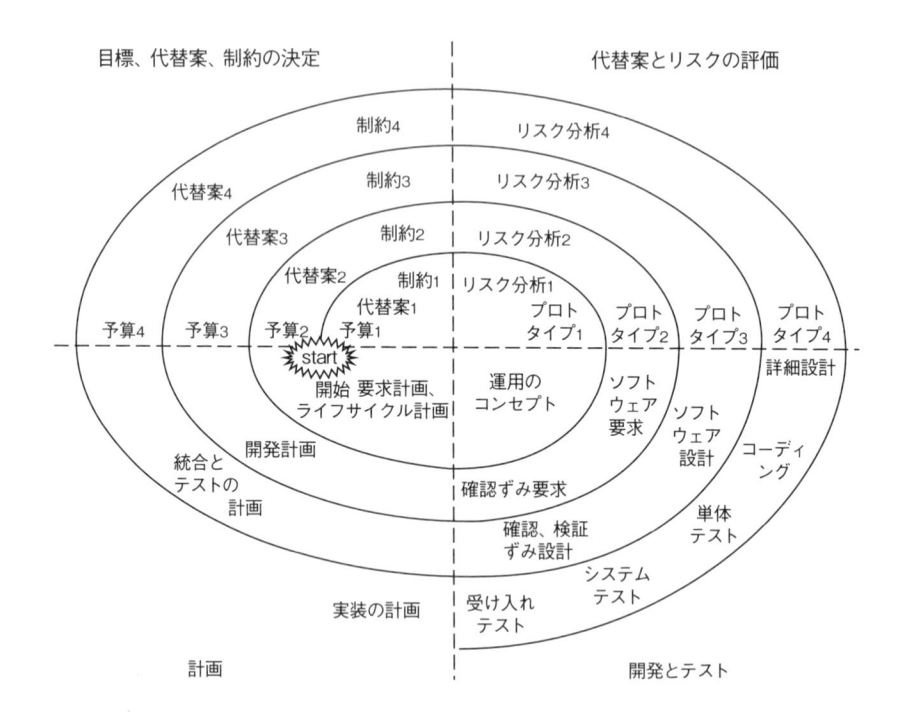

図1.3　スパイラルモデルの例

※　モデルは『ソフトウェア工学：理論と実践』、64ページから引用。

このように、さまざまな開発モデルが考案され、また実際にたくさんの開発プロジェクトでこれらの開発手法が運用され、さまざまなソフトウェアが開発されてきました。

ただし、これらの開発手法はおおむね「開発者は顧客が要求することを最初からすべて理解している」「開発者は顧客にこの先要求されることを最初からすべて予測している」といった**前提が成立すればうまくいく、これからの世の中の変化にも耐えられる**という点にもとづいており、「最終の完成形のソフトウェアを作りきれば、そのあとはいじらない（いじりたくない）」という前提に立ちます。言い換えれば、**仕様書が過不足なく完璧に作られている**といった、現実的には不可能なことが必要条件となっています。しかし、未来は予測できない不確実なものです。

これらの従来型の開発手法でも、一応状況の変化などは考慮しています。ただし、その考え方は「状況のあわない部分が出ることはあって、そのときに小規模な改修はするが、基本は大きくあわなくなれば丸ごと作り直せばよい」という考えに立つものです。

しかしながら、実際は『ソフトウェア工学：理論と実践』でも「伝統的な「ウォーターフォール」のアプローチ（中略）で開発を行うことは，今日のシステムではもはや柔軟でもふさわしくもない」（30ページ）と記載されています。ここまであげた各種の開発手法が、「（特に、未来の）変化に耐えられるか」という観点での大きな課題は解消できておらず、当時のソフトウェア開発手法において共通の課題であったことがうかがえます。

そして、この課題に対する1つの答えである**アジャイル的な開発プロセス**が示されるには、もう少し時間が必要だったのでした。

1.1.3　スクラムの誕生

ときは前後して1993年、ソフトウェア開発手法としての「スクラム」が産声をあげます。これは、1986年に野中郁次郎氏と竹内弘高氏が、当時の日本の製造業における革新的な開発手法を分析し、「スクラム」と名づけて発表した論文[3]をもとに開発されました。

さらに、1993年にJeff Sutherland氏、John Scumniotales氏、Jeff McKenna氏の3名がソフトウェア開発に適用した設計・分析ツールを構築しました。また、ときを同じくして、Ken Schwaber氏も自社でのソフトウェア開発にこの手法、**スクラム**を用いました。

その後、これらの取り組みが1995年のOOPSLAカンファレンスで共同発表されます。この内容はのちに『アジャイルソフトウェア開発スクラム』（ピアソン・エデュケーション,2003）という書籍としてまとめられたことで、広く知られる事になります。英語版は『Agile Software Development with SCRUM（Series in Agile Software Development）』（Prentice Hall,2001）です。しかし、日本語版は絶版なようです[4]。

1.1.4　XPの誕生

さらに、ほぼ同時期に**XP**（**eXtreme Programming**）も産声をあげます。時期がスクラムとほぼ同時期だったのは偶然ですが、筆者としてはソフトウェア開発手法の改善に対する社会的な要請が高かったからだろうと推測しています。

XPはKent Beck氏、Ward Cunningham氏によって生み出されました。その後1996年に、Kent Beck氏はRon Jeffries氏、Martin Fowler氏とともに、プロジェクトでXPの実践を行いました。

これらの実践におけるの知見などを踏まえ、1999年Kent Beck氏により

---

[3]　「The New New Product Development Game」Harvard Business Review,1986（https://hbr.org/1986/01/the-new-new-product-development-game）

[4]　一応古本であれば入手は可能です。成立の経緯などは当時の書籍に詳しいので、興味のある方は入手して読んでみてもよいかもしれません。

『Extreme Programming Explained: Embrace Change』[5]という1冊の本[6]が
世に出ました。

1.1.5　価値・原則・プラクティス

　XPはいろいろと革新的でした。

　そのなかでも、XP本でアジャイル開発における重要なポイントとして示
されたものが「**価値**」「**原則**」「**プラクティス**」です。

　これは、XP本では次のように記されています。

- 価値：ある状況における好き嫌いの根源にあるものだ
  →これは、何をすべきかの判断基準を示すものです
- 原則：その分野に特化した活動の指針である
  →これは、価値とプラクティスをつなぐための理屈や理由を示すものです
- プラクティス：プラクティスは日常的な取り組みである
  →これは、具体的なアクションを示すものです

　また、XP本ではこれら「価値」「原則」「プラクティス」[7]の具体例がそれ
ぞれ示されています。

「価値」
- コミュニケーション（Communication）
- シンプリシティ（Simplicity）
- フィードバック（Feedback）
- 勇気（Courage）
- リスペクト（Respect）

---

*5）Kent Beck, Cynthia Andres, Addison-Wesley Professional, 1999
*6）以下、XP本と記載します。2004年に内容を一新して公開された第2版の邦訳は、現在も購入可能です
　　（https://www.ohmsha.co.jp/book/9784274217623/）。また、前述したXPがはじめて実践されたプ
　　ロジェクトについての話も、第17章「はじまりの物語」に記載があります。
*7）基本的にすべてXP本第2版ベースで記載します。それぞれの内容については、ぜひ原典であるXP本を
　　読んでみてください。

「原則」

- 人間性（Humanity）
- 経済性（Economics）
- 相互利益（Mutual Benefit）
- 自己相似性（Self-Similarity）
- 改善（Improvement）
- 多様性（Diversity）
- ふりかえり（Reflection）＊8
- 流れ（Flow）
- 機会（Opportunity）
- 冗長性（Redundancy）
- 失敗（Failure）
- 品質（Quality）
- ベイビーステップ（Baby Steps）
- 責任の引き受け（Accepted Responsibility）

主要プラクティス（primary practices）＊9

- 全員同席（Sit Together）
- チーム全体（Whole Team）
- 情報満載のワークスペース（informative Workspace）
- いきいきとした仕事（Energized Work）
- ペアプログラミング（Pair Programming）
- ストーリー（Stories）
- 週次サイクル（Weekly Cycle）
- 四半期サイクル（Quarterly Cycle）
- ゆとり（Slack）

＊8）ここでいう振り返り（Reflection）は、スクラムでいうところのふりかえり（Retrospective）とは異なります。リフレクションは「内省」的な意味合いなので、個人の成長をうながすものです。一方のレトロスペクティブは「回顧」的な意味合いなので、過去の反省で生産性の向上や対応方法の最適化をうながすものです。

＊9）『エクストリームプログラミング』では、プラクティスを主要プラクティスと導出プラクティスに分けています。「主要プラクティス（primary practices）は、あなたが他にやっているものとは無関係に役に立つものである。すぐに改善につながり、どれからでも安全に始められる。導出プラクティス（corollary practices）は、先に主要プラクティスを習得しておかなければ難しいだろう。プラクティスを組み合わせれば増幅効果が得られるので、できるだけ早くプラクティスを追加した方が有利である」（『エクストリームプログラミング』（オーム社．2015）、34ページから引用）

- 10分ビルド（Ten-Minite Build）
- 継続的インテグレーション（Continuous Integration）
- テストファーストプラグラミング（Test-First Programming）
- インクリメンタルな設計（Incremental Design）

導出プラクティス（corollary practices）
- 本物の顧客参加（Real Customer Involvement）
- インクリメンタルなデプロイ（Incremental Deployment）
- チームの継続（Team Continuity）
- チームの縮小（Shrinking Teams）
- 根本原因分析（Root-Cause Analysis）
- コードの共有（Shared Code）
- コードとテスト（Code and Tests）
- 単一のコードベース（Single Code Base）
- デイリーデプロイ（Daily Deployment）
- 交渉によるスコープ契約（Negotiated Scope Contract）
- 利用都度課金（Pay-Per-Use）

　XP本でも謳われていますが、本を読むだけではその専門家にはなれず、実際にやってみて、専門家のコミュニティに参加し、そして誰かにその専門分野を教えないといけません。これはアジャイルソフトウェア開発だと、アジャイルソフトウェア開発を実際にやってみて、コミュニティに参加し、さらに誰かにそれを伝えることで専門家になれるということになります。

　具体的には、「価値」がズレてしまっても駄目だし、「プラクティス」だけをなぞってもうまくいかないもので、結局それをつなぐための「原則」がしっかりしている必要があります。さらに、これら3つの「価値」「原則」「プラクティス」を一体で使わないと、うまくいかない（アジャイルとして本来あるかたちになれない）からです。

　また、これらの点と点をつなぐものとして、「アジャイルマインド」が大事だとされています。

　では、「『アジャイルマインド』とは何か？」」というと、具体的な言語化はなかなか難しいのですが、ここであらためて「アジャイル（Agile）」という単語に振り返ってみると、見えてくるものがあります。

1.1.6　Do AgileからBe Agileへ

そもそもアジャイルというのは、「機敏な」「敏しょうな」を示す英単語[10]で、**形容詞**です。

このため、アジャイルを導入した最初の頃などは、「意図してアジャイルを進める」「アジャイルに関するロール・アクションを行う」時期が必要な場合もありますが、本来のありようとしては、「アジャイルである」という状態を指すものです。「アジャイルをする」ではなく、「（その開発手法が・その人のあり方が）アジャイルである」という状態に到達した状態[11]が本来の姿であり、正しいということになります。

最近流行りの漫画の例でいうと、「アジャイルの呼吸・常中」のような話ですね。意識して行うのではなく、ニュートラルにその状態を維持する必要がある、といったイメージでとらえてみましょう。

---

[10] 例えば、次のとおりです。https://eow.alc.co.jp/search?q=agile

[11] 筆者はこれを自然と行えるマインドを「アジャイルマインド」と考えています。

1.2
アジャイルソフトウェア開発宣言

1.2.1　アジャイルソフトウェア開発宣言って？

　スクラムやXPに関する本が出て、用語や手法（プラクティス）として一般的になったあと、しかしその真意が掴み切れず結局ソフトウェアの開発がうまくいかなかった……、というプロジェクトが多く発生したようです。それに対するアンサーやガイドを兼ねたものでもあるのですが、2001年に「アジャイルソフトウェア開発宣言（Agile Manifest）」[12]が世に出ます。

　ここでは、4つの価値と背景となる12の原則が示されました。

　アジャイルソフトウェア開発宣言

　私たちは、ソフトウェア開発の実践
　あるいは実践を手助けをする活動を通じて、
　よりよい開発方法を見つけだそうとしている。
　この活動を通して、私たちは以下の価値に至った。

　プロセスやツールよりも**個人と対話**を、
　包括的なドキュメントよりも**動くソフトウェア**を、
　契約交渉よりも**顧客との協調**を、
　計画に従うことよりも**変化への対応**を、
　価値とする。すなわち、左記のことがらに価値があることを

---

[12] アジャイルソフトウェア開発宣言（https://agilemanifesto.org/iso/ja/manifesto.html）

認めながらも、私たちは右記のことがらにより価値をおく。

Kent Beck

Mike Beedle

Arie van Bennekum

Alistair Cockburn

Ward Cunningham

Martin Fowler

James Grenning

Jim Highsmith

Andrew Hunt

Ron Jeffries

Jon Kern

Brian Marick

Robert C. Martin

Steve Mellor

Ken Schwaber

Jeff Sutherland

Dave Thomas

© 2001, 上記の著者たち

この宣言は、この注意書きも含めた形で全文を含めることを条件に自由にコピーしてよい。

1.2.2 アジャイル宣言の背後にある12の原則

アジャイルソフトウェア開発宣言にあわせて、12の原則[13]も公表されました。これは次のようなものです。

12の原則[14]
私たちは以下の原則に従う：

(1) 顧客満足を最優先し、
価値のあるソフトウェアを早く継続的に提供します。
(2) 要求の変更はたとえ開発の後期であっても歓迎します。
変化を味方につけることによって、お客様の競争力を引き上げます。
(3) 動くソフトウェアを、2-3週間から2-3ヶ月という
できるだけ短い時間間隔でリリースします。
(4) ビジネス側の人と開発者は、プロジェクトを通して
日々一緒に働かなければなりません。
(5) 意欲に満ちた人々を集めてプロジェクトを構成します。
環境と支援を与え仕事が無事終わるまで彼らを信頼します。
(6) 情報を伝えるもっとも効率的で効果的な方法は
フェイス・トゥ・フェイスで話をすることです。
(7) 動くソフトウェアこそが進捗の最も重要な尺度です。
(8) アジャイル・プロセスは持続可能な開発を促進します。
一定のペースを継続的に維持できるようにしなければなりません。
(9) 技術的卓越性と優れた設計に対する
不断の注意が機敏さを高めます。
(10) シンプルさ（無駄なく作れる量を最大限にすること）が本質です。
(11) 最良のアーキテクチャ・要求・設計は、
自己組織的なチームから生み出されます。
(12) チームがもっと効率を高めることができるかを定期的に振り返り、
それにもとづいて自分たちのやり方を最適に調整します。

---

[13] アジャイル宣言の背後にある原則（https://agilemanifesto.org/iso/ja/principles.html）
[14] 各項目の頭の番号はもとの「12の原則」にはなく、筆者がつけました。

　前述のアジャイルソフトウェア開発宣言の4つの価値と12の原則を対応、紐づけると、次のようになります[15]。

- プロセスやツールよりも**個人と対話**：（4）（5）（6）（11）（12）
- 包括的なドキュメントよりも**動くソフトウェア**：（1）（3）（7）（10）
- 契約交渉よりも**顧客との協調**：（1）（2）（4）（5）（6）（12）
- 計画に従うことよりも**変化への対応**：（2）（3）（6）（8）（9）（10）

　このように、あくまで1：1で対応しているのではなく、宣言と原則が相互に作用し合っていることがわかります。
　こういったアジャイルの価値と原則を大事にしつつ、現在もアジャイルは世界中で推進されています。

---

[15] なお、この対応は筆者の独断と偏見によるものです。

1.3

国内での
アジャイルの興り

アジャイルに関する国内事情がどうだったのかも見てみましょう。

海外で産まれた歴史は「スクラム」→「XP」の順でしたが、日本で広まっていった順序は逆で、「XP」がまず有名になり、その後「スクラム」が浸透していったという歴史があります。

なお今回、あらためて情報処理学会の電子資料や当時刊行されていた雑誌2誌（『Software Design』誌（技術評論社）、『WEB+DB PRESS』誌（技術評論社））を調べてみましたが、これを裏づけるものでした。

1.3.1 国内でのスクラムの動き

情報処理学会

スクラムについては2004年にはじめて、情報処理学会の研究報告[16]があがっています。

『Software Design』誌

『Software Design』誌で最初にスクラムに関する情報が記載されたのは、2005年8月号の特集記事「緊急レポート！ 最新ソフトウェア開発手法事情」のなかで、「CHAPTER 4 繰り返し型開発の落とし穴─失敗から学ぶ効果的

＊16）「普通のプロジェクトへの適用を目指したアジャイルな開発手法の構築と適用結果」（藤井拓,鶴原谷雅幸,大津尚史,2004,情報処理学会研究報告Vol87,2004-SE-145,15-21（http://id.nii.ac.jp/1001/00021293/））

運用」が最初の記載でした。とはいえ、あまりスクラムについて深堀りした内容ではありませんでした。

『WEB+DB PRESS』誌

　『WEB+DB PRESS』誌で最初にスクラムに関する情報が記載されたのは、『WEB+DB PRESS Vol.44』（2008）の「特集3 オブジェクト指向開発の本質 設計、要求、開発プロセス」の「第4章 開発プロセスの本質 ウォーターフォールから反復・アジャイル開発プロセスへ」ですが、あくまで反復開発・アジャイル開発を横断的に触れたもので、スクラムについてもここではじめて言及がありました。

1.3.2　国内でのXPの動き

情報処理学会

　XPについては、2001年頃から情報処理学会の刊行物（会誌、論文誌）で情報が出はじめ、2002年3月[17]、4月の会誌[18]で、XPについてのまとまった記事が掲載されたことが契機のようです。

『Software Design』誌

　『Software Design』誌で最初にXPという単語の掲載が確認できたのは、2002年8月号の「実践プログラミング講座 コードデザイン最前線 vol.04」でした。

　またこの翌月である2002年9月号には、特集として「特別企画「これでわかった！ XPの使い方」」が20ページに渡り掲載されており、当時の勢いが伺えます。

---

[17] 平鍋健児（2002）「XP：EXtreme Programming：ソフトウェア開発プロセスの新潮流 - 前編：XP概要とその周辺 -」情報処理Vol43 No3,235-241（http://id.nii.ac.jp/1001/00064473/）

[18] 平鍋健児（2002）「XP（EXtreme Programming）：ソフトウェア開発プロセスの新潮流 - 後編：XP実践事例の紹介 -」情報処理Vol43,No4,427-434（http://id.nii.ac.jp/1001/00064181/）

『WEB+DB PRESS』誌

　『WEB+DB PRESS』誌で最初にXPという単語の掲載が確認できたのは『WEB+DB PRESS Vol.5』（2001）の「PHPこども電話相談室」でした[19]。

1.3.3　国内のアジャイル事情

　このように、雑誌での取り上げられた時期としてはXPのほうが早いことが確認できました。日本でのアジャイルの興りは2002〜2003年頃に来た、XPブームがおそらく最初の大きな波であったことがわかりました。

---

[19] ただし、Unit Test（単体テスト）のためのクラス「PHPUnit」を取り上げたものであり、あまりガッツリとXPを紹介した記事ではありませんでした。

---

column

XPがやって来た

　実際、XPは革新的であった……というよりは、あまりに革新的すぎて、国内で話題になったときは大きな衝撃をともなうものでした。

　XPが話題になった当時、筆者は大手のSIerでシステム開発に従事していました。XPが話題になったときに、「いってることはわかるけど社内でコレ適用できんの？」という話題で盛り上がったことを今でも鮮明に覚えています。

　なお、SIerが当時一般的に行っていた受諾開発とXPは基本的に食い合わせが悪く、筆者は結局その会社ではアジャイル的なプロジェクトに従事することはなかったのでした。

　また、XPは当時（2002〜2003年ぐらい）としてはあまりに先進的すぎたため、いろいろなアプローチがバズワード化してしまったり……と、それはそれで当時はネタにもされたものではありました（特に、当時筆者が所属していたSIの界隈では）。

「なぜか2人で1つのPC使ってコード書くらしい」
「テストから先に書くの？」
「めちゃくちゃ小さい粒度でプログラム書くらしい」
「ユーザーも設計開発に参加すんの？」
など。

　なお、なぜこうなってしまうか……という国内的な事情としては、アメリカの企業は基本的に自社システムは社内でシステムを内製しますが、日本の企業はSIer（システムインテグレーター）にシステムを外注します。このような、業務システムに対する開発体制の大きな差をXPでは埋められなかったという話はありそうだな……と思っています。

1.4
さまざまなアジャイル

現在一般的となっているアジャイルプロセスや、国産のアジャイルプロセスと呼べるものについて、原情報を中心に紹介します。

1.4.1 スクラム

前述の契機となった話のあと、Jeff Sutherland氏とKen Schwaber氏はこれらを整理・構築し、2011年に「スクラムガイド」[20]をまとめあげます。

最新のスクラムガイドは誰でも読めるようになっています[21]。

2024年現在の最新版は2020年11月のもので、邦訳版[22]も同様に掲載され、公開されています。

1.4.2 XP

XPに触れる場合、まず原情報であるXP本を参照するのがよいでしょう。XP本は、オーム社から第2版の翻訳本が『エクストリームプログラミング』として出ています。

---

[20] https://res.cloudinary.com/mitchlacey/image/upload/v1589750939/Scrum_Guide_July_2011_
i7cho9.pdf

[21] https://scrumguides.org/

[22] https://scrumguides.org/docs/scrumguide/v2020/2020-Scrum-Guide-Japanese.pdf

1.4.3　SPINA3CH

　国産のアジャイル的なアプローチについてもいくつか紹介しておきましょう。

　1つは、IPA（情報処理推進機構）が出している「SPINA3CH（スピナッチキューブ）」です。これは開発者自らがモデルベースアプローチにより自律的に改善を行うためのメソッドで、アジャイル的に開発現場で開発の課題を解決していくためのものです。現在はこれをベースにしたものがISO/IEC TR 29110-3-4（ソフトウェア開発における自律改善手法）として、国際規格にもなっています。

　PDFは無償でダウンロードできる*23ので、ぜひ読んでみましょう。

1.4.4　kintone SIGNPOST

　もう1つ紹介するアプローチは、サイボウズ株式会社が出しているkintone SIGNPOST*24です。概要については、ページからそのまま引用します。

　　「kintone SIGNPOST（キントーンサインポスト）」は「kintoneで継続的な業務改善をするための道しるべ」として、kintone経験者の考え方やコツを体系的・網羅的にまとめたコンテンツです*25。

　これは簡単にいうと、ノーコードツールを現場で継続的に改善しながら業務にフィットさせて使っていくためのコツやノウハウ、考え方をパターンとしてまとめ、共有知としたものです。kintoneでの開発・運用は前述のようなかたちを目指すため、アジャイル開発になります。

＊23）https://www.ipa.go.jp/archive/publish/qv6pgp00000010et-att/000027628.pdf

＊24）https://kintone.cybozu.co.jp/kintone-signpost/

＊25）https://kintone.cybozu.co.jp/kintone-signpost/about.html

1.5
おわりに

　ここまで、アジャイルにいたる歴史やその背景、興りについて学んできましたがどうだったでしょうか。

　次章からは具体的な「みんなのアジャイル」の話に移っていきます。ぜひ、いろいろな章から「みんなのアジャイル」を取り込んで、自分のアジャイルに活かしていってくださいね！

山田　雄一（ふーれむ）
https://x.com/ditflame

大阪在住。普段はkintoneをより使いやすく使ってもらう仕事をしています（アジャイル的なシステム開発をより進めてもらうもの）。
情報処理安全確保支援士（第000594号）、kintone認定カイゼンマネジメントエキスパート（2024年9月）。

第2章

アジャイルを
はじめる前に

2.1
アジャイルで幸せになれるのか

2.1.1 『初めてのアジャイル開発』との出会い

> 健康とは、できる限りゆっくりとした速度で死に向かうことでしかない。[1]

　IT古典良書を読み解くということで、Craig Larman氏の『初めてのアジャイル開発 スクラム、XP、UP、Evoで学ぶ反復開発の進め方』（日経BP,2004）[2]を紹介します。なぜか各章の最初に名言が表示されていて、冒頭の名言は第3章「アジャイル」からの引用になります。

　当時、筆者はまだまだ若輩者のエンジニアでした。いくつかのプロジェクト開発を経験し、規模の差はありますが、必ずといってよいほど炎上していました。原因は、終盤で仕様変更が入ったり、追加漏れがあったり、大きな障害が見つかったりとさまざまでした。なんとか納期に間に合っても、開発陣はボロボロ、顧客も望んでいたシステムとはズレがあっても、これでヨシとする風潮が当時の（ひょっとして、今も!?）ソフトウェア業界でした。

　なんとかならないものかと考え、アジャイル開発やテスト駆動開発などに興味を持ち、独学で勉強しはじめます。「@IT ITアーキテクト塾 テストファーストの実践」[3]で、パネラーから紹介されていた書籍の1つが、先ほどの『初めてのアジャイル開発』です。読んでみると、いろいろと疑問に思っ

---

[1]　『初めてのアジャイル開発〜スクラム、XP、UP、Evoで学ぶ反復型開発の進め方〜』（日経BP,2004）、29ページから引用

[2]　以下、『初めてのアジャイル開発』

[3]　https://www.itmedia.co.jp/im/articles/0602/24/news137.html

ていたことがスッキリしたことを覚えています。

　探したら講演の記事がありました。懐かしいですが本質は変わっていない
ですね。アジャイルは黎明期で、スクラムとXPを組み合わせるのが流行っ
ていました。ペアプログラミング以外は、今でも使うべきかと。また、テス
ターが必要とも書かれています。

2.1.2　アジャイルは誇大広告か

　アジャイルは誇大広告という話があります。「以前からある考え方（反復型
など）を誇大広告にして再利用しているだけなのでは？」という問いです。
それに対し、『初めてのアジャイル開発』では「YESでもありNOでもある」
と書かれています。

　どういうことかというと、いわゆるアジャイルな考え方は一昔前の再利用
であるため、一面では「YES」だが、スクラムなどの原則やプラクティスを
全体としてみると新しいものなので、「NO」ということです。

　ここで学べることは、アジャイルをバズワードのように用いると、いわゆ
る「なんちゃってアジャイル」となり、「話がちがうじゃないか」と、まさに
誇大広告*4になってしまい、誰も幸せになれない結果になります。正しくア
ジャイルを用いることで、誰しも幸せになれる可能性があがるということで
す。

　今回はアジャイルの代表的な手法である「スクラム」に関する用語が出て
きますので、用語の意味を学んでおくとよりわかりやすいですが、知らなく
ても考え方は伝わるかと思います。

＊4）誇大広告といえば個人的には「ビッグデータ」を思い出します。バズワード化した時期に導入して効果を
　　あげた企業が一体何社あるのか……。また、「M2M（Machine to Machine）」がいつの間にか「IoT
　　（Internet of Things）」と言葉を変えて領域を増やしたりと、IT業界は不思議な流行りの用語が飛び交い
　　ます。

2.1.3　アジャイルを導入する主な理由

　よく聞かれる質問に、「じゃあ、アジャイルにはどんなメリットがあるの？」があります。これにどう答えるのがよいのでしょうか。第5章「導入理由」にあるアジャイル導入理由の見出しから、特に大事だというものを見ていきましょう。

- 「反復型開発の方がリスクが低く、ウォーターフォール型の方がリスクが高い」（『初めてのアジャイル開発』62ページから引用）
- →リスクが高い工程が先に来るのがアジャイル、あとに来るのがウォーターフォールとなっています。リスクグラフを見るとわかりやすいです（図2.1、2.2）。

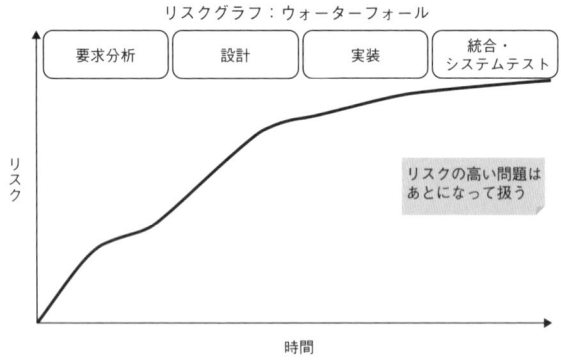

図2.1　リスクグラフ：ウォーターフォール

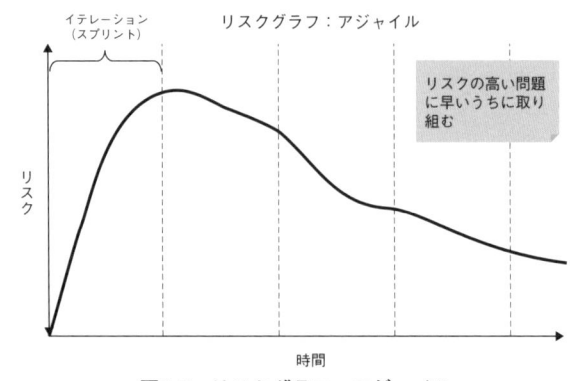

図2.2　リスクグラフ：アジャイル

- 「最終製品がクライアントの真の希望に適ったものになる」(『初めてのアジャイル開発』64ページから引用)
→ 早い段階で評価やフィードバックを繰り返すため、製品が望んだものになる可能性が高くなります。これが、いつも筆者がウォーターフォールでモヤモヤしていた「顧客が望まないものがリリースされる」ことを解決する方法になると考えています。

- 「タイムボックスの利点」(『初めてのアジャイル開発』65ページから引用)
→ アジャイルは短い期間で区切って開発をします。タイムボックスを導入するだけで、生産性があがるという利点があるそうです。いくつか理由があります。まずは「集中」。締め切りギリギリのときに驚くべき生産性を出す方も多いでしょう。締切までの時間が長いと人はだらけてしまうようです。また、タスクを現実的に対処できる程度のものに縮小し、困難な決定を早く行うようになる効果があるようです。

そして、もう1つタイムボックスの価値は、人間の不思議な習性に関連することです。それは、**人は期限を守れなかったことはよく覚えているが、内容が少しぐらい不足していても気にはしない**というものです。100%を要求するウォーターフォールと、優先順位が高い機能から作成し、75%でも納期にリリースできるアジャイルを表しているようです。

2.1.4 なぜアジャイルで失敗するのか

いざ、アジャイル開発をはじめても、失敗することはあります。どうすると失敗するのかを知っておけば、事前に防げるかもしれません。

ここでは、代表的なアジャイル手法であるスクラムを使って失敗する方法を取り上げました(第7章「スクラム」)。

- 「自律的なチームでない。マネージャーまたはスクラムマスターがチームを指揮・編成している」(『初めてのアジャイル開発』155ページから引用)
→ こちらは、立ち上げではとても難しいです。マネージャーは解決策を提示して指示しないといけないと思いますし、メンバーは逆に指示を仰ぎがちになってしまいます。徐々にでもよいので、自律的なチームを作っていき

ましょう。個人的に一番よくないことが、決めたスプリントバックログを必ず終えるために、スプリント内でスコープ調整などをせずに、ウォータフォールのように稼働をあげて対応してしまうことです。

- 「イテレーションや個人に対して新しい作業が追加される」（『初めてのアジャイル開発』156ページから引用）
- →スプリント中は要求を変更しないことが大前提です。しかし、緊急でどうしても必要な変更であるという場合は、バックロググルーミングなどを使いタスク調整・仕様調整をすることが大事だと考えます。気軽に追加・変更ができるようでは、スプリントの意味がありません。

- 「プロダクトオーナーが参加していない、あるいは判断を下していない」（『初めてのアジャイル開発』156ページから引用）
- →ほかにもプロダクトオーナーが複数存在したり、最終意思決定ができなかったりといった問題も散見されます。個人的には、プロダクトオーナーの意識、熱量不足があるとうまく回らないことが多いようです。

- 「ドキュメントが不十分である」（『初めてのアジャイル開発』156ページから引用）
- →アジャイル開発では、ドキュメントを作らなくてよいという話を聞いた方も多いかと思います。しかし、反文章主義ではなく、成果物として定義していないだけであり、価値があるのであれば作成するべきです。

　すでにアジャイル開発を行っている方もいると思いますが、前述のリストに思い当たる節がない方！　おめでとうございます！「アジャイルで幸せになれる」を体現できるはずです。
　逆に思い当たる節だらけの方、すでにさまざまな歪みが起きていると思います。勇気を持って変革していきましょう。

2.1.5 莫邪の剣も持ち手による

「莫邪の剣（ばくやのつるぎ）も持ち手による」[5] という言葉があります。どんなに優れた名刀でも、持ち手が臆病であったりすると、その真価が発揮できないという意味になります。アジャイルは確かに優れた武器ですが、使い方を誤ると、その真価が発揮できません。結果が出ないからと次々とサービスや商品を乗り換える方もいますが、使う側に問題があるというのは往々にしてあることです。

結論としては、「アジャイルで幸せになれるが、持ち手による」ということでしょう。

最後に、スクラムが成功する価値について、第7章「スクラム」より、特に大事な箇所を引用します。

よい持ち手になりましょう。

＊コミットすること——スクラムチームは、そのインテレーションの目標を達成することをコミットする代わりに、達成するにはどうするのが一番よいかを自分たちで判断する権限と自治権が与えられる。経営陣とスクラムマスターは、インテレーションに新しい作業を追加しないこと、チームに指図しないこと、リソースを提供し日次スクラムミーティングで挙げられた障害を迅速に取り除くことをコミットする。プロダクトオーナーは、プロダクトバックログを定義して、その優先順位を付け、次のインテレーションの目標を選択するのに際してチームを導き、各インテレーションの結果をレビューしてフィードバックすることにコミットする。（『初めてのアジャイル開発』153 ～ 154 ページから引用）

＊敬意を払うこと——または責任転嫁するのではなく、チームで責任を持つこと。チームのメンバーがそれぞれの長所／短所に敬意を払い、インテレーションが失敗しても誰れか一人の責任にしない。マネ

＊ 5）「莫邪の剣も持ち手による」。武器はよくても使う人がダメだと効果が発揮できないという意味。「宝の持ち腐れ」ではしっくりこないのでよりよいことわざはないかなと探したところ、ぴったりのものを見つけた次第です。筆者もはじめて使いました。

ジャーではなくチーム全体が、自己組織化と自律によって、グループで解決策を調べて「個人の」問題を解決するという姿勢をとる。また、専門のコンサルタントを雇って足りない知識を補うなどといった、難問に対応するための権限とリソースを与えられる。（『初めてのアジャイル開発』154，155ページから引用）

＊勇気を出すこと——経営陣は、勇気を持って、適用型の計画や方向性を示し、メンバー個人やチームを信用してインテレーションを行う方法に口出ししないようにする。チームは、自主性と自己管理を必要とする仕事に勇気を持ってあたる。（『初めてのアジャイル開発』155ページから引用）

　アジャイルを成功させる方法は「コミットすること」に集約されていますが、最終的には、「敬意を払う」「勇気を出す」といった、技術ではなくマインドが大事なんだなということを再認識するとともに、IT業界に○○信者や○○教といった言葉がはびこっている理由もなんとなくわかってしまいました。アジャイル開発をしていない人にも敬意を払いましょう！

　そして、『初めてのアジャイル開発』を執筆したCraig Larman氏に敬意を払いたいと思います。『初めてのアジャイル開発』では、紹介した項目以外にもウォータフォールが新規製品開発に向かない理由、アジャイルを導入する理由、失敗する方法、スクラムが成功する価値について詳細がまとめられていますので、ぜひ手にとってみてはいかがでしょうか。

伊藤　慶紀（いとう　よしのり）

大手SIerにて業務用アプリケーションの開発に従事。ウォーターフォールはなぜ炎上するのか疑問を感じ、アジャイルに目覚め、一時期、休職してアメリカに語学留学。
Facebookの勢いを目の当たりにしたのち、帰国後、クラウド関連のサービス・プロダクト企画・立ち上げを行う。
その後、ベンチャーに転職し、個人向けアプリ・WebサービスのPM、社内システム刷新などさまざまなプロジェクト経験を経て株式会社SHIFTに入社。
趣味は将棋、ドライブ、ラーメン、花火、読書など。

2.2
アジャイルの誤解を解く

2.2.1 「アジャイルって早く作れるんでしょ?」

　筆者はソフトウェアの開発に携わっていない社内の人とも幅広く関わっています。先日、いわゆる「非エンジニア」な仲間との雑談中に、こんなことを聞かれました。

　仲間「アジャイルって早く作れるんでしょ?」

　筆者「う、うーん……(どう返答したらよいのだろう)」

　しばらく言葉に詰まった筆者は、「ちょっと10分くらい時間もらって解説してよいですか?」と前置きして、その人にも伝わるようにアジャイルについて解説しました。

　その内容をまとめたものが今回の記事です。

2.2.2 「早く作れる」とは何か?

　「アジャイル」という言葉は本当に厄介(親しみを込めて)で、ちゃんと解説しようとするととても10分では解説できません。

　もっというと、筆者自身がすべてを理論立てて解説できるとは言い切れない部分もあります。

　したがって、今回の解説については「早く作れるんでしょ?」の問いに対する答えだけに注力しました(アジャイルとアジャイル開発はちがうだとか、アジャイルはプロセスじゃないとかそういったことはひとまず横に置いておきます)。

まず、筆者はその仲間に「早く作れる」の「早く」のイメージを確認しました。

- とりあえず動く（バージョン0.1のような）状態のモノが早く完成するのか
- 企画段階で盛り込んだ機能がすべて備わっている（いわゆるバージョン1.0相当な）状態のモノが早く完成するのか

仲間の回答は「後者」とのことでした。

「やっぱりそうか」と思った筆者は、少し前の新人研修で使った資料を使いながら解説を開始しました。

2.2.3　どっちのプロセスが正しいか

「ウォーターフォールとアジャイルは対となる概念ではない」ということは踏まえたうえで、あえて今回はウォーターフォールと対比しています。

図2.3は、上下でちがうプロセスを踏んで同じプロダクトが完成させたことを表した図です。

ウォーターフォールで成功した世界線

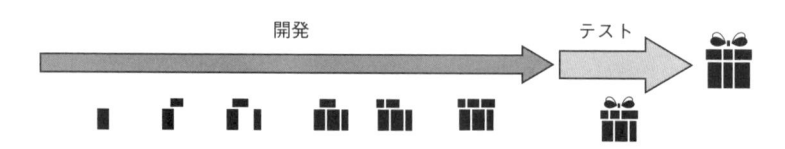

アジャイルで成功した世界線

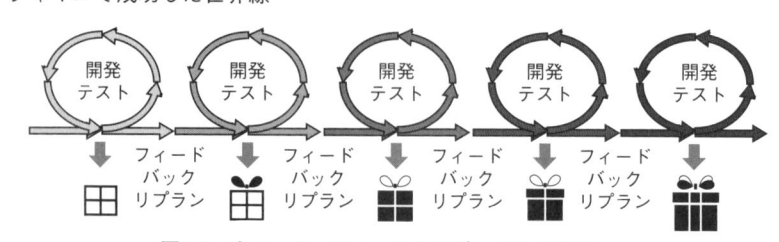

図2.3　ウォーターフォールとアジャイルの比較

両プロセスとも一番右のプレゼントアイコンが完成品（バージョン1.0）であると認識ください。

仮定の話として、この完成品はとてもよくできていて、ビジネス的に大成功（売上がとてもよい）といえるクオリティのモノであるとイメージしてください。

「アジャイルがよいぞ、アジャイルがよいぞ」といわれて久しい昨今、どちらのプロセスが正しいといえるでしょうか。

答えは、どちらも正しい。お客さん喜んでるんだから。売れてるんだから。

そうです。どちらも正しいんです。よいモノが作れるならウォーターフォールだろうがアジャイルだろうが、ここで例示していないやり方だろうがなんだってよいです。

顧客に喜んでもらって儲かることが、我々民間企業の目的ですから。プロセスはあくまでもプロセスであって、大切なのは顧客に価値を届けることだと考えます。

2.2.4　アジャイルの誤解と定着しない理由

アジャイルはいつ完成するかわからない

一般的にアジャイルな動きには、次のような利点があるといわれています。

- 外部の変化に俊敏に対応できる（不確実性に強い）
- 早くから収益を見込める可能性がある
- 別プロダクトの開発のとき、再現性の精度が高まる

こういった利点に注目すると、「やっぱりアジャイルいいね」「アジャイルだといいモノを作れそう」となりそうですが、話はそんなに単純ではありません。

図2.3の下部、すなわちアジャイルなプロセスの図は便宜上5つの輪っか（イテレーション≒繰り返し）でバージョン1.0が完成していますが、現実的にはもっとたくさんのイテレーションが必要となるでしょう（この図を見せたときに非エンジニア仲間から「あ、そっか！」という反応をもらったのは

気持ちがよかった）。

　アジャイルはフィードバックを得る機会をたくさん作らないといけないため、ソースコードを書くなどの直接的な開発業務以外のイベント（プランニング、ふりかえり、レビューなどの非コーディング作業）の回数は増加します。そして、本当に顧客に満足してもらえるクオリティに持っていけるまでの期間（輪っかの数）は未知なのです。

　この時点で、いったん「アジャイルって早く（完成形を）作れるんでしょ？」という仲間の問いに対する答えを伝えることができました。

　答えは、「**アジャイルはいつ完成するかわからない**」です。

　これで当初の目的は達成できたわけですが、興が乗った筆者はもう少し話を続けました。

アジャイルがなかなか定着しない理由

　前述の内容をまとめると、アジャイルは「よいモノを作れる確率をあげられるかもしれなくて」「早期から収益が見込めるかもしれない」、けれども「（ソースコードを書くなどの直接的な）開発業務以外のイベントの回数が多くて」「プロセスのみの変化だけでは開発スピードはあがらないであろう」シロモノです（図2.4）。

視点：成果物完成までのスピード

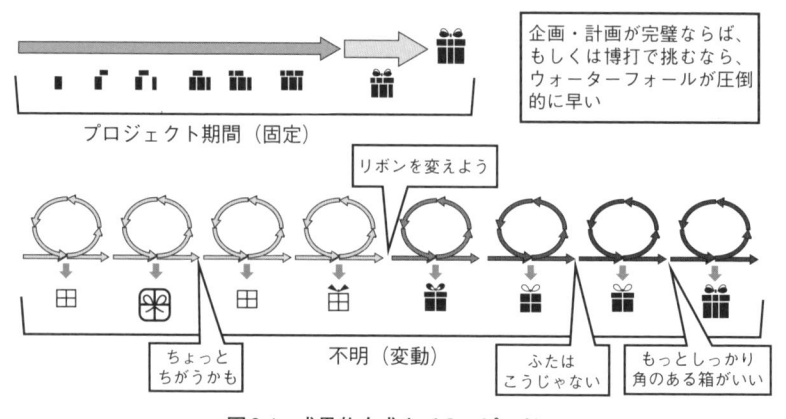

図2.4　成果物完成までのスピード

　筆者は、日本の組織でアジャイルがいまいち定着しない理由は、プロセスの方法論ばかり注目されて、それ以前のアジャイルマインドの醸成の重要性が軽視されているからだと考えています。次のようなアジャイルに悩む声を私はたくさん聞いてきましたし、私自身非常に共感しています。

- 自分の業務以外のタスクが多く、忙しくてジレンマ
- あまり開発に集中できない
- 結果、開発スピードがあがらない

2.2.5　アジャイルになるには

面倒だけどやるという覚悟

　ここまで解説したように、「よいものが作れるかもしれないvs面倒くさい」というなかで、後者のリスクを考慮してアジャイルを選択できない組織が多いです。それでも前者を重んじ、アジャイルを採用したい場合、どうすればよいのでしょう。

　まずは、関係者全員が「アジャイルソフトウェア開発宣言」に書かれている内容を理解し、自分たちが作ろうとしているプロダクトにはアジャイルが必要だと納得している状態になる必要があると思います。

　繰り返しになりますが、アジャイルは「短いイテレーションで少しずつ作る」「決められた行事（プランニング、ふりかえり、レビュー）をこまめにやる」といった「**方法**」ではありません。

　アジャイルな開発を目指すには「アジャイルソフトウェア開発宣言」と、そこで謳われている価値や主義にもとづいた12の原則を関係者全員が理解し、実践する「**状態**」になることを目指すという組織としての覚悟が必要となってきます。

　こういったことからアジャイル界隈では有名な、「Don't just do "Agile", be "Agile".」（アジャイルするな。アジャイルになれ）という言葉があるんですね。

　関係者全員が心技体でいう「心」の部分を理解しなければ、アジャイルは成り立たないのです。

ですから、「それアジャイルで作る必要あるの？」といった自身への問いかけもとても重要だと筆者は考えます。作るモノ（完成形）は明らか、外部環境からの影響もない、それほどフィードバックも必要ない。そのようなモノは当初の企画どおりに集中して作ってしまったほうが、スピード、コスト、品質面でも成功の確度は高く、アジャイルが出る幕はありません。

2.2.6　まとめ

まとめます。

- 「Don't just do "Agile", be "Agile".」を関係者全員が理解する
- 「アジャイルは早く作れないし面倒くさいけど、よいモノを作りたいからやる」という覚悟を関係者全員が持つ
- そのプロダクトの開発はアジャイルに進めたほうが効果がある（ビジネスで勝てる）ことを関係者全員が納得している

この条件を満たしてはじめて、組織はアジャイルなプロセスへの一歩を踏み出せるんだと思います。

2.2.7　「アジャイルって早く作れるんでしょ?」への回答

仲間「なるほどですねー。全然思っていたものとちがった。すごくよくわかった」ここまで話をして、最初の質問への回答と反応に戻ります。仲間からの反応が嬉しかったです。

もっとも、この話はかなりデフォルメされていて多角的な視点にも欠けており、まだまだアジャイルの入り口にすぎないのですが……。

より詳細にはまた別の機会にお話しできればと思います。

最後に私の立ち位置としては、「よいモノが作れるならね……**最初は面倒**かもしれないけどね……それぞれのプラクティスにはちゃんと理由はあるわけだから……見方とかマインドとか変化させて……みんなアジャイルになろうよ！」という感じです。

　だって、「よいものが作れるかもしれない＜面倒くさい」だからアジャイル嫌だなんてもったいないじゃないですか。日々がんばって作ったのに、「お客さんが喜ばない＆売れない」という事態は避けたいですよね。

　「**よいものが作れるかもしれない＞面倒くさい**」だからアジャイルになってみよっかな！

　こうあるべきだと思います。

　みんなのがんばりは報われるべきです、絶対。

荒川　健太郎（あらかわ　けんたろう）

ウイングアーク１ｓｔ株式会社でプロセス改善とソフトウェアテストの自動化に取り組んでいます。
Certified ScrumMaster／Certified ScrumDeveloper／JBA公認Ｅ級審判／全日本スノーダイビング協会会長

アジャイルコーチが答える Q&A

私はアジャイルコーチとして「アジャイル」に関連する質問を受けることがよくあります。ここでは、そのなかでも特に多く聞かれる質問をピックアップして紹介します。

ここに書いてあることが唯一の答え・正解というわけではありません。唯一の正解がないような質問をあえて選択しました。自分ならこう答える、自分たちのチームや組織ならこんなふうにしたほうがよいと考えたり、対話する目的で本節を活用してもらえると嬉しいです。

2.3.1　ドキュメントに関するQ&A

Q：アジャイル開発であってもドキュメントは作成すべきでしょうか？
A：ドキュメントと一言にいってもさまざまな種類のドキュメントがあります。手はじめに、現状作成しているドキュメントを次の3つに分類してみましょう。

1. 引き継ぎのためのドキュメント
2. 自己防衛のためのドキュメント
3. コンプライアンスのためのドキュメント

ウォーターフォール開発のように開発のフェーズによってチームを分けないのであれば、引き継ぎのためのドキュメントは必要ないでしょう。

チームが信頼関係をもって仕事をできるなら、合意事項をこと細かに文書化し訴訟リスクに対応するような、自己防衛のためのドキュメントも必要な

いでしょう。そんなドキュメントを作っている時間があったら、信頼関係を築くことに力を注いだほうが得です。

法令によって定められたドキュメントは作らないわけにはいきませんので、プロダクトバックログに積んでおきましょう。

これ以外にも重要なドキュメントはあります。ドキュメントはWordやExcelで書かれた形式的なドキュメントに限りません。例えば、コミットログやPull Requestのコメントも立派なドキュメントです。これらには「なぜ変更したのか」、あるいは「なぜしなかったのか」を記載しておくことで、ソフトウェアのメンテナンスが格段にやりやすくなります。

2.3.2 プロダクトオーナーの役割に関するQ&A

Q：プロダクトオーナーが忙しすぎて役割をまっとうすることができません。どのような対策が考えられますか？

A：まずプロダクトオーナーの役割をいくつかに分割してみましょう。プロダクトオーナーの役割（ロール）はプロダクトの価値を最大化することですが、これを実現するために、「スクラムガイド」にはいくつかの仕事（ジョブ）が例として示されています。

1. ビジョン・ゴールの伝達
2. PBIの作成
3. PBIの優先順位づけ
4. PBLの見える化
5. ステークホルダーマネジメント

そのうえでこれらの仕事を「プロダクトオーナーに絶対にやってもらいたいこと」と「プロダクトオーナー以外のチーム全体で支援するできること」の2つに分けましょう。

例えば、ビジョン・ゴールがしっかりと伝わっていれば、PBIの作成やPBIの優先順位づけは開発者ができるかもしれません。PBIの細かな受入条件については、開発者が作成して、プロダクトオーナーが確認するというようにしてもよいでしょう。

『ビジョナリー・カンパニー ZERO ゼロから事業を生み出し、偉大で永続的な企業になる』（日経BP,2021）にはOPUR（One Person Ultimately Responsible：最終責任を負う者）を任命すべきだと書かれています。プロダクトオーナーはまさにOPURだといえます。一方で、OPURと同じぐらい重要なのが、誰もが隣人のために「歩道を雪かきする」文化があることだと同書には書かれています。自分の仕事に対して完全な責任を引き受けつつ、お互いの歩道の雪かきを助ける文化が大切だということです。

2.3.3　見積り（時間とポイント）に関するQ&A

Q：時間の見積りとポイントの見積りのちがいがよくわかりません。相対的に見積もったとしても結局、時間に換算するのではないでしょうか？

A：スクラムで見積りをするのはベロシティを計測することが目的です。

少し長くなりますが、実例で解説します。

例えば、ある仕事（仕事A）があったときにそれを「3ポイント」と見積もり、その仕事をこなすのに結果的に6時間かかったとします。1ヵ月後、仕事Aと同じような仕事Bをやることになりました。仕事Aをやったことでコツがわかっていたので、2時間でできそうだと思ったとします。ポイントも3分の1に減らして「1ポイント」にしました。 これをやってしまうとベロシティはどうなるでしょうか。6時間でこなせる仕事は「3ポイント」分のまま変わりません。

あくまでも規模を基準に、仕事Bを「3ポイント」と見積もるとどうなるでしょうか。3ポイントを2時間でこなすことができるのであれば、6時間あれば9ポイント分の仕事ができることになります。

前者（時間で見積もる）の問題点はベロシティの変化がわからなくなるという点です（時間で見積もっているのでベロシティは常に一定）。後者（規模で見積もる）なら、チームの改善が進んでベロシティが上がっているのか、それとも何かチームに課題があってベロシティが下がっているのかがわかります。

2.3.4　ベロシティに関するQ&A

Q：ベロシティの考え方として、スプリント中に終わらなかったPBIは0としてベロシティにカウントしませんが、次のスプリントで終わらせた場合、そのストーリーのポイントを丸々カウントするのでしょうか？

その場合、本当は2スプリントかけて終わらせたPBIが1スプリントの成果として計上されるのでベロシティが極端に上下しませんか？

A：はい。上下してOKです。

スプリントで終わらなかったというのは異常な状態です。ベロシティが極端に上下することによって、その異常状態が見える化されます。

スクラムは問題を明るみに出すためのフレームワークです。問題がわかるのはよいことです。もしも、問題があるのに問題がないかのように取り繕おうとするなら、最初からスクラムを使わないほうがよいでしょう。

2.3.5　スプリントに関するQ&A

Q：1週間のスプリントでは「出荷可能なインクリメント」を作成することができません。スプリント期間を2週間に延ばしてもよいものでしょうか？

A：そういった理由でスプリント期間を延ばすことはおすすめしません。

スプリント期間中に出荷可能なインクリメントを作れないということはよくあります。しかし、それをよしとはせず「どうすれば1スプリントで出荷可能なインクリメントができるか」を考える改善のきっかけにしていくことが重要です。

改善のポイントは次のとおりです。

- 開発スキルの向上
- スウォーミング（全員でひとつのPBIに集中）
- PBIをより細かく分割（抽象化能力、設計力、本質を見抜く力が必要）

スクラムは、問題を明るみに出すためのフレームワークです。スプリント期間を短くすることで、より多くの問題を明るみに出すことができます。ス

プリント期間を延ばすことによって、せっかく明るみに出した問題を覆い隠してしまってはいけません。

2.3.6　メンバーのモチベーションに関するQ&A

Q：私はスクラムマスターです。スクラムイベントに積極的でないメンバーがいるのですが、どううながすとよいでしょうか？

A：積極的になれない理由によって対応が変わってくると思います。積極的になれない理由と対応方法を表2.1にまとめました。

表2.1　積極的になれない理由と対応方法

理由	対応方法
イベント趣旨や参加の仕方を単に知らない	スクラムやアジャイル開発に関するレクチャを行う
心理的安全性が確保されていなくて参加しづらい	ワーキングアグリーメントをメンバー全員で作る
特定の人が話しすぎることで会話に参加しづらい	ワーキングアグリーメントを決める 話しすぎる人に対して個別にコーチングする
グループワークが苦手で会話に参加しづらい	ファシリテーションの工夫によって均等に話せるようにする （例）考える時間と発言の時間を分ける 　　　チェックイン・チェックアウトで参加のハードルを下げる
スクラムが嫌い、もしくはスクラムに疑いの目を持っている	スクラムマスターが困りごとを個別に1on1を行い、信頼関係作りからはじめる（スクラムをやってもらう前に、その人の関心ごとや困りごとを聞いて、抱えている問題を一緒に解決するような動きをするとうまくいく場合が多い）
スクラムマスターとして積極的でないメンバーの内面状況がまったく予想できない	スクラムマスターが困りごとを個別に1on1を行い、信頼関係作りからはじめる

2.3.7 スクラム全般に関するQ&A

Q：何ができていたら、自分たちはスクラムができていることになりますか？
A：逆に質問です。何ができていたら、料理ができることになりますか？

　インスタントカレーが作れたらOK？　フランス料理のフルコースが作れる必要がある？　それとも、独自のレシピを発明する？　調理師の資格は必要？　料理に限らず、英語の学習、スポーツ、などなど……。

　なんでも同じです。スクラムも同じことです。スクラムができていることを目標にしてしまうと、いつまで経っても自信を持って「できています」といえるようにはならないでしょう。　目的にあわせて目指すべき達成度（目標）があるはずです。　目的にあわせて目標を自分たちで考えて決めていればよいと思います。

2.3.8 もっと知りたいときは

　アジャイルをやるなかでまだまだたくさんの悩みがあると思います。

　「Agile Studio by 永和システムマネジメント」では、「アジャイルカフェ@オンライン」[6]として、視聴者の方から寄せられたアジャイルの悩みに答えるオンラインイベントを定期的に開催しています。みなさんの悩みにアジャイルコーチが「あーでもない、こーでもない」「これならいけそうかも」と解決策を楽しく考えていきます。このイベントでは、みなさんからの悩みを一緒になって考えていくので、ご参加をお待ちしています。

木下　史彦（きのした　ふみひこ）
https://x.com/fkino

株式会社永和システムマネジメント、Agile Studioプロデューサー、アジャイルコーチ。
居飛車党、ニコン党、日本酒党。純米酒をあたためて呑むのが好きです。

＊6）https://www.agile-studio.jp/post/agile-cafe

第 3 章

アジャイルの
実践

3.1 アイデアを出す

　本章では、アジャイルの実践として、「アジャイルであるため」に用いられるいくつかのフレームワークや手法を解説します。決してこれらがアジャイルにおけるすべてではありませんが、アジャイルを実践するうえで各手法が活用されるイメージの助けとなることを目的としています。また、陥りやすいポイントや重要なポイントを必要に応じて補足し、本書で得たキーワードをもとに実践できる姿勢を整えます。第一歩というよりは、歩きはじめる前に「よーいドン」の「よーい」をしてもらえるように執筆しています。

　本章のまえがきとして最後に、アジャイルを実践するうえでのマインドについて記します。そのマインドとは、アジャイルを実践する方法もアジャイルに改善していくというものです。はじめに型通りに実践してみることは非常に重要としたうえで、型にのっとるだけでなく、自分たちに合った型を探していくこともアジャイルに行ってみてください。筆者は筆者なりの考えを持って執筆しておりますが、アジャイルを実践する方法は多くあり、同じ名称でも解説やポイントが異なることがあります。アジャイルを実践するうえで、知っている方法をやってみるだけでなく、ぜひその方法を改善できるか考えてみてください。改善するうえでは、その方法が目的とするものや、実現したいことに立ち返ってみてください。実はチームでやっているときに、型にのっとることが最適ではないかもしれません。逆に、チームでやっていることが型から外れすぎて、目的を達成しにくくなっているかもしれません。チームにとって価値のあるプロダクトを提供できるよりよい方法で実践できるように、アジャイルにふりかえり、調整してみてください。

　プロダクト開発をするうえで、まずはじめに必要なことは、アイデアを出す（あるいはアイデアを明確にする・具体化する）ことです。開発はそこからはじまります。アジャイルを実践するうえで、第一歩となるアイデアを出

す方法について筆者の経験したいくつかを紹介します。

3.1.1 カスタマージャーニーマップ

　カスタマージャーニーマップとは、一言で表した困りごとに対し、ペルソナを定めて、フェーズごとに行動、関わるものや場所、思考や感情などもあわせて書いていくというものです。困りごとを解決したいという前提があるなかで、ユーザーの「解決前の体験」に焦点を当てて書き、イメージしやすくすることで、「本当に課題があるのはどの部分の体験なのか」の目星をつけます。

　このときのポイントが2つあります。1つ目は、最初に一言で表現した困りごとは、必ずしもユーザーの解決したいことの本質ではないということ。2つ目は、困りごとを解決する手段を前提にしないことです。前者については、カスタマージャーニーマップを客観的に書くことで、困りごとだと思っている「ここ」が、実は別の時系列にあるものが本質で、そこから派生した困りごとであるケースがあります。後者については、手段ありきのカスタマージャーニーマップになってしまうことで、困りごとの本質に気づかず、今ある説を補強するだけになってしまうことがあります。この2つのポイントをおさえてカスタマージャーニーマップを書いていくことが、良質なアイデアを出す基盤になります。

　とはいえ、特に2つ目にあるように、手段ありきで考えてしまうことが多いです。そんなときに便利な「The Job Story Format」というものがあります（図3.1）。

○○の場合	状況
○○をしたい	動機
そうすれば、○○できるからだ	期待される結果

図3.1　The Job Story Format

　これは、Job（ユーザーが行う必要があるもの）を明確にするフォーマットです。まずはカスタマージャーニーマップを一通り書いてから、困っていそうなポイントを複数あげます。そして、次のような観点でポイントを展開して書くことで、ユーザーが達成したい仕事を明確にします。

1. それはどんな場面で
2. ユーザーは何をしたいのか
3. それをしたいのは何ができるからなのか

　なお、手段ありきで考えないうえで、「ユーザーは何をしたいのか」が解決方法ではなく動機であることに気をつける必要があります。困りごととその解決策への先入観のある状態から少し離れて、ユーザーが特定の場面で何がしたいのか、何ができるからそれをしたいのかと、具体的かつ客観的にユーザーのニーズを見極めます。

3.1.2　リーンキャンバス

　リーンキャンバスとは、フォーマットに沿ってアイデアを書き出しながら、そのアイデアを検証するというものです（図3.2）。フォーマットについての説明でいろいろな表現をされることがありますが、どういった説明もアイデアを検証するうえで重要な観点をおさえていることは共通しています。すでに何かしらのアイデアがある前提で、そのアイデアをブラッシュアップしていくことに用いられます。それぞれの枠には必ずしも1つの回答だけを書く必要はありません。複数書いたり長文を書いたりもしつつ、それを集約したり削ったり、具体的にしたり抽象的にしたりして、簡潔に要点を記載していきます。それらの過程で、アイデアが大きく転換する可能性もあります。

課題	ソリューション	独自の価値提案	圧倒的な優位性	顧客セグメント
どんな課題？	どうやって課題を解決する？	何ができるようになる？	他には真似できないところはどこか？	誰に喜んで欲しい？
既存の代替品	主要指標	ハイレベルコンセプト	販路	アーリーアダプター
その課題に対して今はどうしてる？	サービスがうまくいっているか、何で測る？	「○○版○○」など、顧客がサービスをパッと想像できる一言は？	どうやって知って買ってもらう？	その中でも最初に使ってくれそうな人はどんな人？
コスト構造			収益の流れ	
サービスを提供しはじめるまで、提供し初めてから提供し続けるためには、どういったコストがかかる？			誰からどうやって収益を得る？	

図3.2　リーンキャンバス

　これにはいくつかの題目に沿った枠が用意されており、それを埋めていくことで活用します。1番目に顧客セグメントとアーリーアダプター、2番目に課題と既存の代替品、3番目に独自の価値提案を埋めていきます。この3つはリーンキャンバスの軸となるので、はじめに埋めることを推奨します。まずは誰の何をどんな独自性を持って解決したいのかを明確にし、その後ビジネス面におけるいくつかの事項を考慮に入れます。このとき、ソリューションを何にするかが1つの肝になります。ソリューションは、次項で紹介するブレーンライティングを活用してから定めることをおすすめします。

　リーンキャンバスについて短く語ることは困難ですが、重要なのは粗くともすべてを一度埋めることです。一度埋めてから何度も見直すことで、アイデアは磨かれていきます。表の順番に沿って埋めてみてください。1番目から3番目までは順番どおり埋めることを推奨しますが、それ以降は埋めやすいものがあれば、順番に沿う必要は特にありません。埋め切ったら、題目同士の整合性や関係性にも着目しながら見直し、アイデアを検証しましょう。ときには、一晩寝かせることで、新たな発見があるかもしれません。

3.1.3　ブレインライティング

　ブレインライティングとは、フォーマットに沿った用紙をチーム内で回し、前の人と被らないようにしつつ、特定のテーマに沿って発想を派生させたり逆転させたりして、アイデアを出すものです（図3.3）。短い時間制限を設けたうえで行い、1ターンの間に必ず1つの枠を埋めます。そのアイデアを捻り出す過程でアイデアが柔軟なものになっていきます。

　ブレインストーミングのようにどんなアイデアでも歓迎され、突拍子のないアイデアからヒントを見つけられる可能性を大きくします。3.1.2で紹介したリーンキャンバスにおいて、今ある課題をテーマにし、そのソリューションについてブレインライティングをすることも可能です。

　具体的なやり方の一例は、次のとおりです。

1. 人数にもとづいてブレインライティングの表の行数を決める（基本的には人数+1行）
2. 人数分のブレインライティングをする表形式の枠を用意する（3人であれ

ば同じ形式の表を3つ）

3. テーマを決める（○○したい・○○を解決したい）

4. 順番に表を回しながら、1ターン1分の中で、1行の3つ分、その表に存在しないアイデアを出す

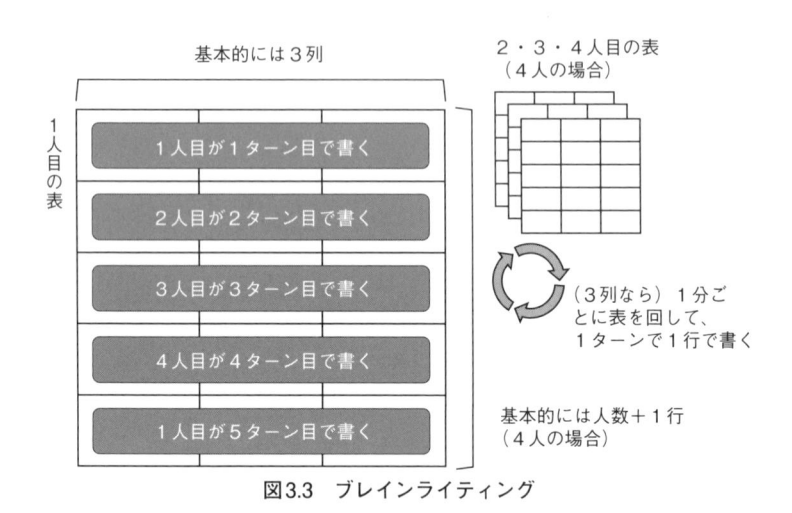

図3.3　ブレインライティング

　存在しないアイデアを出すうえで、まったく新しいアイデアを出してもよいですし、すでに表にあるアイデアを少し捻ったりして書いても問題ありません。限られた時間の中で、突拍子もなくても脈絡もなくても、とにかく枠を埋め切ることが大切です。

3.2
アイデアを
かたち作る

　アイデアを出しただけでは、実際の開発に進むのは困難です。出したアイデアをかたち作り、磨き上げ、開発に移る準備をしましょう。

　もちろん、開発をはじめてからもアイデアを検査する必要があります。いわゆるピボットをして、アイデアの方向性を変えることもあるでしょう。本節では、アイデアをかたち作る2つの方法を紹介します。

3.2.1　エレベーターピッチ

　エレベーターピッチとは、エレベーター内のようなシチュエーションで、短時間で上司や役員に対して必要な情報を与えつつアピールする、1分程度の短いピッチ（プレゼンテーション）のことです。さまざまなアイデアを集約し、シンプルに要点をわかりやすく並べ、30秒や1分のなかに詰め込むことで、聴衆がそのアイデアの概要を短時間で把握することができるようにします。

　フォーマットを調べると表現にブレがあり、一見どのフォーマットがよいかわかりにくいですが、おおむねどれも次の7つの項目を含みます。

1. 顧客の望むニーズや課題
2. 対象顧客
3. プロジェクトやプロダクトの名称
4. カテゴリやジャンル
5. 重要な利点と対価を払う説得力のある理由
6. 競合
7. 競合とのちがい

　これらをつなぐと、「①を望む②向けの③は④です。これは⑤ができ、⑥とはちがって⑦があります」という文章になります。あなたのアイデアをもとに作ってみたり、手元にあるもの（例えば、今持っているガジェットなど）を紹介するエレベーターピッチを作ってみるといったかたちで練習することもできます。

3.2.2　顧客インタビュー

　顧客インタビューは、その名のとおり対象顧客へのインタビューのことです。アイデアをかたち作るうえで、客観的な声を取り入れ、必要な修正を加えながらアイデアを成長させます。

　顧客インタビューでのポイントは大きく2つです。1つ目は意見を誘導しないことで、例えば「こういう機能どうですか？」ではなく、「どんな機能が欲しいですか？」と聞くことです。2つ目は得た意見をただすべて取り入れるのではなく、チームでこれは確かにそうだと思ったものや、ユーザーに共通していた意見などを中心に取り入れていくことです。そうすることで、素直な意見を集めながらも、意見を全部取り入れて凡庸になることなく進められます。

3.3 スクラム

　スクラムは、チームが価値を生み出すための軽量級フレームワークのこと
です。アジャイルと同様に価値基準が存在し、スクラムの理論にもとづいて
います。アジャイルであるためによく採用されるフレームワークです。「ア
ジャイルソフトウェア開発宣言」のように「スクラムガイド」というガイド
があり、初版から不定期に更新を繰り返しています。ガイドだけでなく、研
修、認定資格などや、多数の本も世に出ています。

　本節では、スクラムガイドにおいて定義されているなかでも2つ、作成物
とイベントについてのみ触れます。スクラムの定義、スクラムの理論、価値
基準、スクラムチームについてはほとんど触れておりません。アジャイルの
実践として、3.1と3.2で扱ったように、実戦における具体的なことを中心に
扱います。

3.3.1　スクラムの作成物

　スクラムでは3つの作成物が定義されています。

1. プロダクトバックログ
2. スプリントバックログ
3. インクリメント

　これらの作成物を作成することを通して、プロダクト開発を進めます。本
項では、作成物について解説しながら、付随する概念についても触れます。
　1つ目の作成物、プロダクトバックログ（以降、PBL）とは、プロダクト

と1対1対応で存在し、一意なプロダクトバックログアイテムの順番を持っているリストのことです（図3.4）。プロダクトバックログアイテム（以降、PBI）は、PBLを構成する要素のことで、プロダクトの改善に必要なものです。最初期には、プロダクトとして何もない（＝何も価値がない）状態から、「プロダクトとして価値を生むために」必要なものがPBIになります。PBLはプロダクトゴールを持ち、プロダクトの将来の状態として、計画におけるターゲットになります。

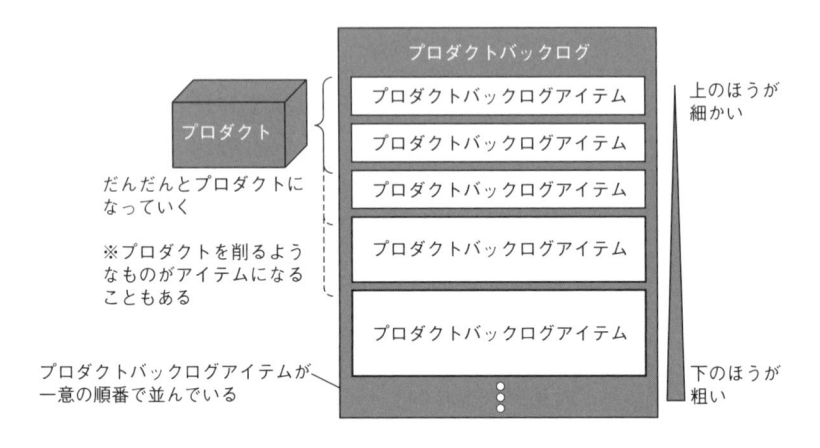

図3.4　プロダクトバックログ

PBLにおいて、特に重要なのはPBIの粒度です。よくない状態として、PBLにあるすべてのPBIが粗い、もしくはすべて細かい状態があります。理想的なのは、上は細かく、下にいけばいくほどだんだん粗くなっている状態です。なぜなら、まだ見通しがききやすい直近のPBIを細かい粒度で分割するのは適切でも、見通しが立たないようなまだまだあとに行うPBIを細かくしても、無駄になることが多いからです。また、必要以上に細かくすることは、コストを要するうえに柔軟性を失いやすくなります。直近のPBIを適切な粒度にすることは「Readyな状態に置く」といいます。Readyな状態とは、PBIを完成させるための情報が揃っており、誰が見ても迷いなくタスクに分解でき、認識に齟齬も起きない程度の粒度のことです。これにより、そのPBIに期待するプロダクトの価値を実現することをより確実にします。

PBLは定期的に、また随時、メンテナンスされることが望ましいです。そのメンテナンスのことをプロダクトバックログリファインメントと呼びます。プロダクトバックログリファインメントでは、着手が近いPBIをReady

な状態にしたり、PBLのなかでPBIの位置を変更し、優先順位を調整します。

2つ目の作成物、スプリントバックログとは、スプリント中のすべてを集約するもののことです。のちに解説するスプリントプランニングで作成するスプリントゴールや、先ほどのPBLにあるPBIとそれを分解したタスク、そのタスクの状態も、ここに記録されます。

3つ目の作成物、インクリメントとは、1つのPBIのタスクがすべてDONEになり、プロダクト・オーナーによって受け入れられたあとのPBIのことです。プロダクトの改善における踏み石とも呼ばれ、この踏み石をひとつひとつ増やし、踏んでいくことで、プロダクトがより価値を生むことが期待されます。

3.3.2 スクラムイベント

スクラムでは5つのイベントも定義されています。

1. スプリント
2. スプリントプランニング
3. デイリースクラム
4. スプリントレビュー
5. スプリントレトロスペクティブ

スクラムイベントは、スクラムの作成物の検査と適応をするための公式の機会であり、このイベントを通して作成物を検査し、状況に適応します。各スクラムイベントは、複雑さを低減するために、同じタイミングと場所で開催されることが望ましいです（デイリースクラムは毎日10時にタスクボードの前に集合、スプリントレビューは毎週水曜14 〜 15時で会議室⑥、など）。

1. スプリント

1つ目のイベント、スプリントとは、スクラムイベントの入れ物となるイベントのことです。これは固定期間で、定期的なリズムを作るのに用いられます。多くのプロダクト開発では1週間や2週間としてスプリントを用意し

ますが、1ヵ月以内の決まった長さであれば問題ありません。期間を短くすることで、複雑さを低減し、できる限り予測可能な範囲で計画を立てて実行し、ふりかえります。

2. スプリントプランニング

2つ目のイベント、スプリントプランニングとは、スプリントにおける最初のイベントであり、そのスプリントにおける計画を行うイベントのことです。まずはじめにスプリントゴールを策定し、それに応じて必要なPBIを選択します。

望ましくないパターンが2つあります。それは、①PBIのいくつかを先に選択することが決まっていて、それをまとめたようなスプリントゴールになること、②スプリントプランニングの時間を超過して、計画する時間を延長してしまうことです。①については、PBIがPBLのなかで適切な順序に並んでいることを前提としてしまっていて、本来はそうではなく、前回のスプリントのふりかえりも踏まえたうえで、「今この瞬間、次のスプリントでは何を達成すべきなのか」というものをゴールとして設定することが望ましいです。②については、チーム黎明期の場合はメンバー間の共通認識が醸成しにくいこと、作業の見積もりに自信がないことなどが考えられます。チームが軌道に乗ってきても計画が時間内に終わらないのであれば、そもそもPBIがReadyな状態になっていないことで詳細化に時間がかかりすぎている状態や、あまりにも不確実性が高く計画しきれないため着手しないほうがよい状態、もしくはさらに細分化が必要である状態などが考えられます。

この2パターンはどちらも、不確実性の高いなかでアジャイルにプロダクトを開発していくために避けたいパターンです。①に陥ると、逐次状況が変わるような不確実性の高いなか、前回のプロダクトバックログリファインメント結果による先入観が入ってしまいます。スプリントプランニングは新しい1日の頭に置かれることが多いですが、それは一時的な先入観から逃れ、できるだけ最適な選択を取るためでもあります。②に陥ると、計画できる状況にないなかで、最も計画を手助けする手段といえる、その計画を実施することを妨げてしまいます。また、そのような状況下で計画する時間を長くとっても、状況は好転することが一向にないことが多いです。

3. デイリースクラム

3つ目のイベント、デイリースクラムとは、毎日決まった時間に行われ、スプリントプランニングで計画したタスクを調整しながら、スプリントゴールに対する進捗を検査し、必要に応じてスプリントバックログを適応させるイベントのことです。具体的には、昨日はスプリントゴールのために何を達成したのか、今日は何をスプリントゴールのために貢献する予定なのか、その達成の障害になっているものはないかを確認します。

4. スプリントレビュー

4つ目のイベント、スプリントレビューとは、インクリメントをデモして、さまざまな人からレビューを受ける場であるイベントのことです。このイベントの目的は、レビューを通してスプリントの成果を検査し、今後どう適応するかを決定することです。さまざまな意見が出たときには、顧客インタビューのように、適切にそれらを受け止めてからPBLに反映させます。

5. スプリントレトロスペクティブ

5つ目のイベント、スプリントレトロスペクティブとは、主にスクラムのプロセスとプロダクトに対して改善する方法を計画するイベントのことです。これはよくふりかえりとしてイメージされますが、ふりかえりを通して次の意思決定や行動を改善することが重要です。実際にとられる手法はとても多いです。例えば、「アジャイルソフトウェア開発宣言」の4つの価値を指標として、その重なりを15象限のベン図にし、プラスとデルタについて記載するようなAgile Manifesto Farm（AMF）と呼ばれる方法もあります。一般的によく用いられているのはKPTやFun Done Learnです。

3.4 アジャイルを実践する

　本書の冒頭で触れたように、アジャイルとはやり方ではなくあり方です。本章では、そのあり方を実践するための方法について紹介してきました。再三になりますが、決してこれらの方法だけがすべてでなければ、紹介した方法そのものも記載した解説だけにとどまりません。しかしながら、これらはアジャイルの実践として鍵となることの多い方法です。特に、最後に紹介したスクラムは、プロダクト開発をアジャイルに行ううえで非常に有用なフレームワークです。

　もし、読んでみてわからない単語や解説が多ければ、各節のタイトルになっているフレームワークの名前を覚えておき、アジャイルについて経験し学びを進めていくなかで、その節の名前が出てきたときに立ち返ってみてください。何が重要だと書かれていたのかをあらためて読み、実践につなげることができるでしょう。そうではなく、なんとなく理解して読み進めることができたり、すでに実践していることがあれば、自分が想像していたものと何かちがうところはないか、実践しているなかで書かれているものとちがうところはないか、自分の理解と異なるところを意識して読んでみてください。この解説があなたの状況に必ずフィットするわけではありませんが、筆者の考えるポイントや概要と異なるところがあれば、その点について一考し、改善できる余地があるかもしれません。

　ぜひ、本書のキーワードをもとに「よーいドン」の「よーい」をして、「ドン」といつでも一歩目を踏み出せるようにしてみてください。アジャイルを実践する者として、ともに歩む日を楽しみにしております。

 **エイミ**（保　龍児）
https://x.com/amixedcolor

株式会社Relic　エンジニア
新規事業開発、アジャイル、AWS、完全没入型仮想現実、歌、漫画が好きです。

第4章

アジャイルの改善

4.1

経験主義にもとづく計画の立て方

4.1.1 計画はなんのためにするのか?

みなさんはどんなときに計画しますか。仕事のときはもちろんしますが、私生活においても、例えば旅行するときなどに計画をしますよね。ちょっと大きめのお金を使うときや、貯めるときなどにも計画することが多いと思います。

では、なぜ人は計画するのでしょう。ちょっと30秒ほど考えてみてください。

考えましたか。

答えは、「不確実性を（可能な限り）排除するため」です。例えば、旅行の計画では、確実に目的地に着いて、そこでさまざまなアクティビティを十分楽しむために計画を立てます。

これを念頭に、次のことを読んでみてください。

4.1.2 予実が乖離するのは計画がまちがっていたから

一般的に、アジャイルでは「予実管理」をしません。予実管理というのは、ものごとが計画（予定）どおりにいったかどうかを管理するという考え方ですが、アジャイルで予実管理をしないのは、ものごとが計画どおりにいかない理由は、**「計画がまちがっていたからに決まっている」**と考えるからです。

計画に実績をあわせるのは、従来型の計画主義の考え方です。一方、アジャイルは経験主義なので、過去の実績にあわせて計画を立てます。

みなさんはどちらが正しいと思いますか。あるいはどちらが好きですか。

アジャイルが経験主義の立場をとる理由は、「人間には未来を正確に予知する能力はない、ゆえに未来は不確実だ」と考えているからです。まして、計画に実績を一致させようとする試みは、天気予報に合うように今日の天気を変えろといっているようなもので、非合理としかいいようがないわけです。なので、経験主義においては、実績が計画と乖離することは別に大した問題ではありません。乖離したなら、次からは計画のほうを適応させればよいからです。もう一度書きますが、予実が乖離するときは、計画のほうがまちがっていたのです。

4.1.3 計画主義による計画の立て方

例えばスクラムにおいて、スプリントプランニングで今から取り組むスプリントバックログのスコープを決定する場合を例にとり、計画主義と経験主義のちがいを図にしてみましょう。

スクラムでスプリントプランニングを行うとして、もし計画主義の考え方でスプリントのスコープを計画するとしたら、図4.1のようになるでしょう。

計画主義では計画が正しいと考えるので、1スプリントで55ポイントやると決めたら、チームはその計画を達成できるように仕事を進めていくことになります。最初は計画どおりにいかなくても、徐々に改善して計画を達成できるようにするわけです。計画主義に慣れている方は、この考え方になんの違和感も抱かないんじゃないかと思います。

図4.1 計画主義による計画の立て方

　しかし、前述の例だと、スプリントを重ねるごとに徐々に改善はしているものの、まだ一度も計画を達成した（予定どおりに進んだ）ことがなく、このまま未達が続けばステークホルダーからのプレッシャーがかかってきそうです。チームはそのうちプレッシャーに負けて、見積もりそのものを不正に操作して（大きめに見積もる）、計画を達成したように見せかけるようになるかもしれません。

　また、もしかしたらチームは、計画を達成するために残業することを選ぶかも知れません。しかし、残業して計画を達成しても、残業をすることになった原因が解消されたわけではないので、次のスプリントも残業することになり、チームは慢性的な残業体質に陥ってしまうでしょう。

　いずれの場合も、このやり方はチームの実態を表しておらず、スクラムで重要とされる「透明性」が崩壊する危機といえます。

4.1.4　経験主義による計画の立て方

　一方で経験主義では、過去の実績にもとづいて計画を立てます。つまり、「前回はこのやり方でうまくいったから、今回も同じやり方でだいたいうまくいくだろう」と考えます（図4.2）。

　まず、「Sprint n」では、チームは55ポイントと計画しましたが、実際には40ポイントしか達成できませんでした。なので、次のスプリントでは、過去の実績にもとづいて40ポイントと計画します。このとき、何かしらの改善施策は入れておくようにします。そうして、このスプリントでは改善施策が功を奏して、チームは計画を超える42ポイントを達成しました。なので、次のスプリントでは42ポイントと計画します。これを繰り返して、常に実績にあわせて計画を立てるようにします[1]。

計画：55pt	計画：40pt	計画：42pt	計画：45pt
実績：40pt	実績：42pt	実績：45pt	実績：??
Sprint n	Sprint n+1	Sprint n+2	Sprint n+3

図4.2　経験主義による計画の立て方

---

[1]　実際には、過去3回のスプリントの実績を平均したものを次のスプリントの計画とすることが多いようです。

こちらのやり方では、毎回のように計画を超える実績を出せているため、チームのモチベーションはあがり続けます。ステークホルダーも大喜びです。

注目してほしいのは、このケースの場合、計画主義でも経験主義でも、出した実績はまったく同じということです。にもかかわらず、チームのモチベーションには大きく差が出ます。モチベーションのちがいは、そのうち大きな実績のちがいとして現れてくるでしょう。

見積もりの精度があがらない?

最後に、計画に不可欠な「見積もり」についてです。計画主義の考え方では、計画をより確かなものにするため、見積もりの精度をあげようとします。つまり、見積もりと実績とを比較して、その差がなるべくゼロに近づくような取り組みをするわけです。しかし、これも実際にはあまり意味がないのでやめたほうがよいでしょう。理由は前述のとおり、人間には未来を正確に予知する能力はないからです。

相対見積もりを採用している場合は、さらに意味がありません。なぜなら、相対見積もりは大きさの比であり、例えば工数÷工数、あるいは時間÷時間などといった計算をすることになるので、見積もられた数値は無次元数（単位がない）になるからです。単位のないものは測定できないため、予実の比較ができません。したがって、精度の計算もできません。「相対見積もりが難しい」「どうしても時間見積もりになってしまう」といっているチームは、この罠にハマっていることが多いようです。

まとめます。

- 計画を立てることは、不確実性を（極力）排除することが目的
- アジャイル開発においては未来は不確実と考えるため、計画を絶対視しない
- 計画主義においては計画に実績をあわせようとするが、経験主義においては実績にもとづいて計画を行う
- 未来は不確実なので、見積もりの精度を高めようとする取り組みはほとんど意味がない

遅延をリカバリーする

　ある日の研修で、受講生の1人からこんな質問をもらいました。

　「アジャイルでは、遅れが出た場合のリカバリーはどうやるのでしょうか?」

　うーん、実によい、趣のある深い質問です。実に深い。松崎しげ●の目尻のしわのように深いです(事実無根)。

　この問題を理解するには、いくつかのステップが必要です。まずはそれをあげてみます。

1. アジャイルは価値が大事、アウトプットよりアウトカム
2. スプリントの目的は「スプリントゴール」
3. 価値をできるだけ毀損せず、やらなくてもよいことを最大化せよ

　順に解説します。

4.2.1　アジャイルではアウトプットよりアウトカムが大事

　「アウトプット」は、プロジェクトなどの活動から生み出される直接の結果や成果物のことです。一方で「アウトカム」は、その活動の成果として、自身や顧客に生じる利益や変化のことです。

　図にすると、図4.3のようなイメージです。

　ソフトウェア開発でいえば、インプットはお金だったり開発者たちの工数だったりします。アウトプットはアクティビティ、すなわち日々の開発作業から作られたソフトウェアシステムそのものです。アウトカムは、そのシス

テムを使うことで得られる利益や、削減できるコストや、生活の変化だったりするわけです。

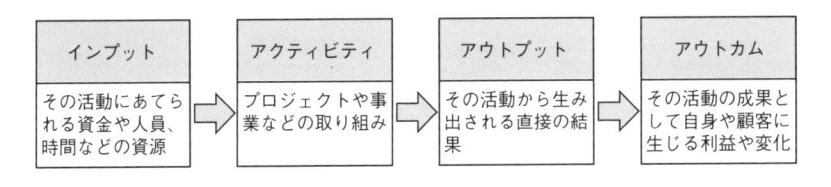

図4.3 ロジックモデル

Return On Investment（ROI）という言葉があります。日本語だと投資対効果などといったりしますが、これはその投資に対して、どれだけの利益が得られるのかを示す数値です。数値が大きいほど、効果が高い投資だということを示します。計算式は次のとおりです。

$$ROI \ = \ \frac{R}{I}$$

簡単ですね。いくらReturnが大きくても、Investmentも大きいと、ROIすなわち投資効果は減ってしまうことがわかります。つまり、ビジネスにおいては単にReturnがあることだけが大事なわけではなく、Investmentが極力少ないものである必要があることがわかると思います。

では、図4.4において、Investmentはどれで、Returnはどれでしょう。Returnというのはその活動の成果として得られる利益などを指すのですから、この図でいえば「Return」は一番右の「アウトカム」だけとなります。わかりますか。みなさんが作っているソフトウェアシステムは、作って納入するだけで価値があるわけではなく、運用されて、なんらかの効果が得られて、はじめて「Return」、すなわち価値となり得るわけです。ソフトウェアシステムは、それ単体では「Investment」、つまり投資にすぎないということです。ええ〜そんなあ〜。

そしてさらに、分母であるInvestmentが小さいほうがROIは大きくなるので、みなさんはなるべく仕事をしないほどよいということになりますね。やったぜ！

でも別の見方をすると、アウトプットをいくらたくさん生み出しても、そ

れがアウトカムにつながらなければなんの意味もないどころか、お金の無駄づかいだったということになりますね。価値がゼロのものをどれだけたくさん作っても、ゼロはゼロです。逆にいうと、大きなアウトカムが得られるなら、アウトプットは小さくシンプルであるほうがよいということになります。

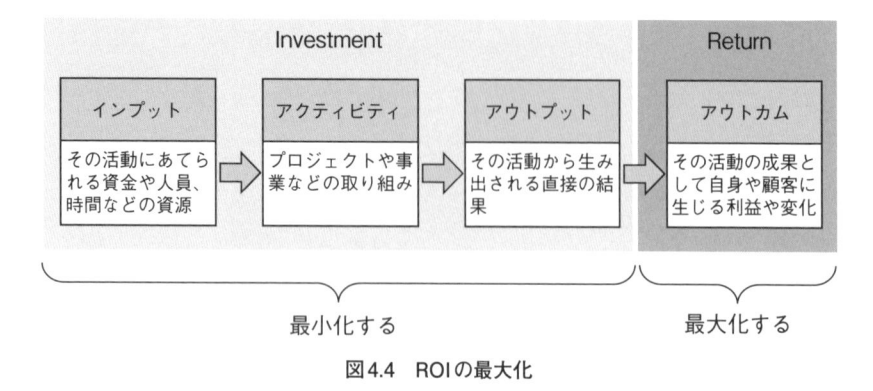

図4.4　ROIの最大化

4.2.2　スプリントの目的は「スプリントゴール」

　前項からわかるとおり、スプリントの目的は価値を生み出すことであり、ソフトウェアを作ることではありません。スクラムでは、スプリントで生み出されるこの「価値」をスプリントゴールとして設定するわけです。スプリントの目的は、より多くの機能を作るとか、より長時間働くとか、計画された機能をすべて完成させるとかではなく、価値を届けることだといえます。スプリントゴールとは、スプリントの「Why」です。「『なぜ』そのスプリントをやるのか？」です。つまり、スプリントゴールとは、そのスプリントが生み出そうとしている「価値」だということです。

　ここで価値について考えてみます。

　筆者は、大好きなLiSA（歌手）さんがCatch the Momentのリリースイベントで手渡してくれたサイン入りポストカードを持っています（2枚！）。彼女はこのサインをものの数秒で書き上げます。これなんて、売れば数万円ぐらいの値がついてもおかしくありません（絶対にそんなことはしませんが）。数秒で数万円、例えば5秒で5万円とすると、1分で60万円（！）の価値を生むのです。ですがそんなことよりも、彼女とほんの短時間でも直接目をあわせて、会話をしながら手渡してもらったという思い出が詰まっていて、実

際のところPricelessです。つまり、価値というのは、単純に作業時間や作業量とは単純にリニアに変換できるものではないということです。

前項の解説によると、スプリントゴールさえ達成できるならば、スプリントプランニングで作ると決めた機能が、決めたとおりにすべて完成していなくてもよいことになりますよね。「目的が達成できるなら、手段はひとつじゃないよね?」ということです。

4.2.3 やらなくてもよいことを最大化せよ

アジャイルソフトウェア開発宣言にはこういう記述があります。あえて英語版で書きます。

> Simplicity--the art of maximizing the amount of work not done--is essential.

筆者なりに意訳すると、「やらなくてもよいことを最大化する技術が不可欠」という意味です。やらないことの最大化というのは、言い換えると、やることを最小限にしろということです。これは、前述のInvestmentを最小化せよという話と符合します。そのためには、シンプルさが必要だとアジャイルソフトウェア開発宣言は説いているわけです。一方で、いくらやることを減らすといっても、価値まで減らしてはいけないので、そのためによりシンプルなソリューションを考え、スプリントゴールで策定した価値を毀損することなく、やることを最小化すべしといっているわけです。

例えば、「当初フリーワード検索で考えていたけど、よく考えたら選択肢は5つしかないから、これだったらチェックボックスかラジオボタンでよくない?」となります。たぶんそのほうが、文字コードチェックなどもいらないので実装も簡単ですし、なおかつ必要なものを検索するという当初の価値はまったく失われていません。

これぐらいの単純な例ならよいですが、実際にはシンプルかつ価値の高いソフトウェアを作るというのは、けっこう大変です。まず、顧客が何を価値だと感じているのかをよく知ることが必要です。顧客は自分にとっての価値がなんなのか、実はよくわかっていなかったりするので、単にヒアリングす

るだけではなく、本当の意味で顧客に寄り添う必要があります。また、シンプルな設計というのは、実は最も難しかったりします。読みやすく理解しやすいコードだったり、結合度が低くて凝集度が高く、変更容易性の高い設計だったり、日々リファクタリングを重ねて、常にシンプルさを保つ努力が必要です。

アジャイルソフトウェア開発宣言にもこう言及されています。

技術的卓越性と優れた設計に対する不断の注意が機敏さを高めます。

4.2.4　アジャイルでリカバリーってどうやるの?

冒頭のこの質問に戻ります。

極論すれば、アジャイルは「いかにして作らずにすませるか」の技術です。よく「アジャイルでは何をやるかよりも、何をやらないかのほうが大事」といったことがいわれます。やらなくてよいことはやらない、作らなくてもよいものは作らない。いたずらに仕事の量を追うのではなく、その価値を見極めて、本当に必要なことだけをやっていけば、ものごとはシンプルになるということです。そうして、いかに少ないコードで大きな価値を出すか(つまりROI)を考えていくと、作業時間も短くすることができるかもしれません。アジャイル開発では、そうやってリカバリーを行うのです。もちろんそれだけとは限らないし、それがうまくいかない場合もあるのは否定しませんが。

そもそも、冒頭の質問の背景には、従来型開発で骨の髄まで染みついた「コストと納期とスコープは守り通さねばならない」という考え方があると思います。つまり、スプリントプランニングで作ると決めた機能は、スプリント終了までに決めたとおりにすべて作らなくてはならないという考え方をしているのだと思うのです。

こういう考え方だと、遅延が出てしまった場合は、残業をしてリカバリーするしかなくなってしまいます。残業は最悪です。残業は、何か問題があったときに、安易にその場しのぎのリカバリーをする方法です。こういった方法が恒常化しているチームは、問題(この場合は遅延)の根本的な原因にリーチしようとしないので、改善していかないのです。アジャイルソフトウェア開発宣言にある「サステナブル・ペース」にも反しますね。なので、生産性

があがらないといっているチームのコーチに入ったときに、私が最初にコーチすることは、残業を禁止にすることだったりします。こうすることで、彼らはいかに残業をせずに問題を解決するかを考えるようになります。

4.2.5　まとめ

本節をまとめます。

- 価値と量、価値と時間はリニアに変換できない
- ROIを高めるためには、仕事の量や時間は極力おさえよう
- シンプルな仕事をすることで、価値を毀損せずに量や時間をおさえることが可能となる
- リカバリーのために残業をするのは悪手

「反復」でプロダクトの価値を高める

4.3.1　アジャイルとはなんぞや?

「アジャイルとはなんぞや?」と考えてみたいと思います。

アジャイルソフトウェア開発宣言を紐解くと、こんなことが書いてあります。

> 計画に従うことよりも変化への対応を

また、同じくアジャイル宣言の背後にある12の原則には次のような記述もあります。

> 顧客満足を最優先し、価値のあるソフトウェアを早く継続的に提供します。
> 動くソフトウェアを、2-3週間から2-3ヶ月というできるだけ短い時間間隔でリリースします。

今や「2-3ヶ月」を「短い時間間隔」といってしまうのは議論ありそうですが、そこは20年も前の話ですので置いておくとして、つまりここに書かれていることは、図に示すと図4.5のようなイメージです。

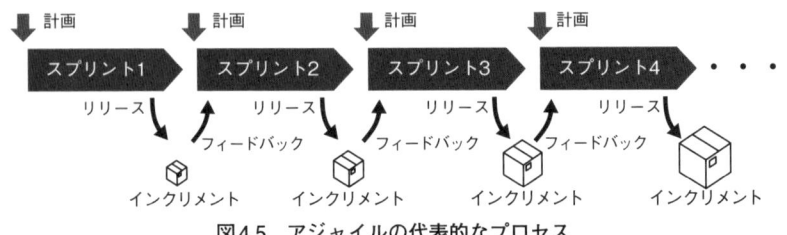

図4.5　アジャイルの代表的なプロセス

　言葉で言い換えるなら、価値を見定めつつ、定期的にインクリメントをリリースしてフィードバックを獲得し、それを反映してさらなる価値を付加したインクリメントをリリースし、これを繰り返す。つまり**反復することでプロダクトの価値を高め続けること**（図4.6）、これがアジャイルの価値であり、原則であるといっているわけです。

　一方で、例えばウォーターフォールのような従来型の進め方では、開発が進むにつれて価値が高まっていきますが、その間にも新しいテクノロジーの発明や目新しいUXの創造などにより市場はどんどん変化していくため、プロダクトの価値は徐々に劣化していくことになります（図4.6左）。

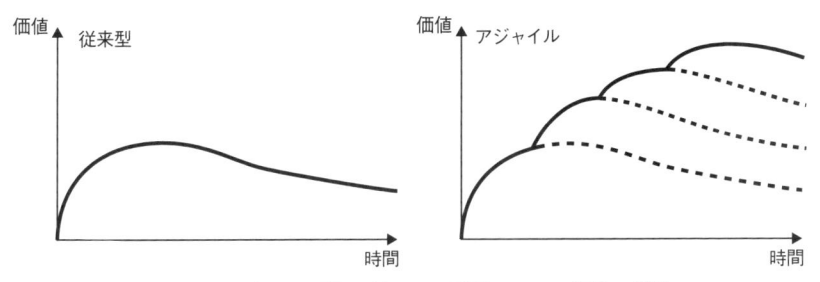

図4.6　従来開発型とアジャイル開発における価値の推移

4.3.2　「反復」とは何か

　人間は「反復」によって多くの技能を獲得します。スポーツでも習字でも音楽でもそうですが、反復練習なくして上手になることはありません。そして、反復周期は短いほど、つまり頻度が高いほど、一般に練習の効果は高いです。例えば、年に1回ピアノを弾いたってなかなか上達はしません。しかし週に1回、できれば毎日練習すると、上達はずいぶん早くなることは、想像に難くありません。

　そして、アジャイル開発においては、反復がうまく行っていることを示す最も重要な指標は、毎回のイテレーション（スプリント）でチームがなんらかの価値あるインクリメントを完成させていることです。ソフトウェア開発において、価値あるインクリメントとは**デモができるインクリメント**のことです。逆に、顧客への実動作デモができないなら、それは顧客価値があるとはいえません。なぜなら、実際に動作するところを確認できないと、顧客はそのソフトウェアに価値があるかどうかの判断ができないからです。また、

価値判断ができないということは、フィードバックを返すことができないということです。つまり、ここでフィードバックループは途切れてしまい、図4.5や図4.6のようなアジャイルの重要な特徴の実現が難しくなってしまうのです。

逆にいうと、イテレーションを何回も繰り返さないとデモ可能なアウトプットを出せないチームは、反復がうまく行っていない可能性が高く、これはすなわちアジャイル開発がうまくいっていない可能性が非常に高いといえます。

4.3.3　「反復」なきアジャイル

ところが、最近よく見る自称「アジャイル」は図4.7のようなものが多いです。

一応イテレーション（スプリント）は一定周期で区切っているし、スクラムイベントも定期的にやってる（たぶん）のですが、聡明な本書の読者ならすぐにお気づきなのではと思います。これはアジャイルではないですよね。はい、おっしゃるとおりです。これは「アジャイルに見える」だけの単なるウォーターフォールですね。プロダクトのリリースは最後の1回だけですし、フィードバックなんてどこにも取り込んでないし、価値を高めてもいない。でも、残念ながらこういう似非アジャイルが巷にあふれているのは事実です。

この方法では反復はまったく機能していません。例えば、ゴルフのスイングを練習するには、自分のスイングを動画に撮って、1回〜数回振るごとにビデオをチェックし、よくないところを直して、またクラブを振るというフィードバックループを繰り返すことが効果的です。図4.7の方法では、そのループが回っていません。つまり、図4.7のような状態は、何かを習得するには非常に不利な状態といえます。

図4.7　残念なアジャイル（アジャイルではない）

　この状態に陥っているチームは、プロダクト開発そのもの以外もうまくいきません。なぜなら、前述したとおり人間は反復によって技能を習得するからです。例えば、心理的安全性にしても、自己組織化にしても、T字型スキルにしても、「反復（イテレーション）」をするなかで、徐々に習得されていくものだからです。

　つまり、このままの状態ではスプリントの回数を重ねても反復効果が出づらく、したがって、チームやプロセスやプロダクトに改善を期待することが難しくなります。改善のためには、根本原因にリーチする必要があります。

　では、なぜこうなるのでしょう。原因はプロダクトバックログ作りにあります。

4.3.4　プロダクトバックログは「プロダクト」のバックログ

　プロダクトバックログは、その名のとおり「プロダクト」の「バックログ」です。プロダクトバックログアイテム（PBI）は、プロダクトを分解したものである必要があります。プロダクトバックログアイテムは、そのひとつずつがなんらかの「価値」を顧客やユーザーに提供できなくてはなりません。「価値」というのは、例えばユーザーが意識的、あるいは無意識的に抱えているなんらかの問題を解決するとか、新しいことができるようになるとか、今まで以上にお金が儲かるようになるとか、そういうことです。

　この分割方法は、よくケーキにも例えられます。よく知られたメタファーなので、ここでは解説しません。知らない方は調べてみてください。すぐにたくさんの記事が見つかると思います。

　そうして、分割されたプロダクトバックログが実際に作られ、リリースされることで、顧客やユーザーは実際にそれを使ってみることができるようになり、使ってみてはじめてフィードバックを返すことができるようになります。図4.7のようなやり方だと、開発序盤から中盤までは要件定義書や設計書を見せるのが関の山で、これでは顧客からのフィードバックを得るのはほとんど不可能です。それはそうですよね。例えば、カメラの要件定義書を見せて、「このカメラ使いやすいですか？」「画質はどうですか？」などと聞かれたって、答えようがありません。

4.3.5　プロダクトバックログはToDoリストではない

　前述のような似非アジャイルになっているチームのバックログを見てみると、バックログアイテムは、例えば次のようになっています。

- ○○システムのデータフローをレビューする
- 撮影画像確認画面の設計をする
- ユーザープロファイル確認画面についてデザイン部と合意する

　どうでしょうか。これらは、それ単体でユーザーに価値をもたらすでしょうか。「データフローのレビュー」はユーザーにどんな価値がありますか。画面デザインへの合意は、顧客のどんな問題を解決するでしょうか。これらは、それ単体では価値とはならず、その他の多くの作業がつながって、はじめて何かの価値を生むような作りになっています。

　これを図に示すと、図4.8のようになります。つまり、プロダクトをいきなりタスクに分解しているわけです。前述のとおり、タスクはそれ単体では価値とはならないため、顧客にリリースすることはできません。これは単なるToDoリストであり、プロダクトバックログではありません（図4.9）。このような作り方をすると、すべてのタスクが完了するまでプロダクトはリリースできません。こういう開発のやり方をなんと呼ぶかというと、そうです、ウォーターフォールと呼びます。

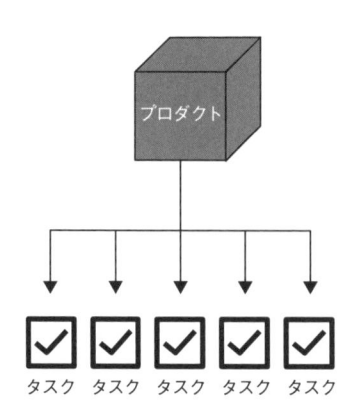

図4.8　プロダクトをタスクに分解している

```
Product backlog ≠ To Do list
```

図4.9　プロダクトバックログはToDoリストではない

4.3.6　小さな価値とは

一方で、次のようなバックログアイテムはどうでしょうか。

- 通知ボタンを押下すると「通知ON」ランプが点灯する
- チャットボタンを押下するとチャットウインドウが開く

これらは、機能としてはとても小さなものにすぎませんが、それ単体で十分な価値があります。通知がONになっているかOFFになっているかは、ユーザーにとってそれなりに重要な情報です。プロダクトバックログアイテム（PBI）は、単体ではこのような**小さな価値**が提供できれば十分なのです。

これを図にすると、図4.10のようになります。この図では、プロダクトをいったん小さなプロダクト（＝価値のあるもの）に分解しています。それは小さいがゆえにシンプルで、すなわち、早く完成でき、早くリリースでき、その価値はすぐにフィードバックを得ることができます。必要があれば、これらの小さなプロダクト（バックログアイテム）をさらに小さなタスク(＝作業)に分解してもよいでしょう。

つまり、こういったかたちでプロダクトバックログをうまく作ることができれば、反復はうまく回るようになるのがわかると思います。反復がうまく回りはじめれば、本線のプロダクト開発だけでなく、チームの改善もうまくいくようになり、さらにその効果でプロダクト開発がより

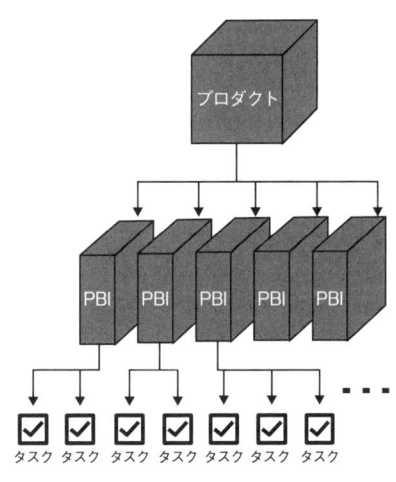

図4.10　プロダクトをより小さな
プロダクトに分割している

うまくいくというループが回るようになるのです。

　実は、プロダクトバックログ作りは、はじめてアジャイルに取り組むチームが最初にぶつかる壁のひとつです。図4.8に示したアンチパターン以外にも、プロダクトバックログアイテムのサイズが大きすぎて、完成までに1ヵ月〜数ヵ月かかるというのもよく見かけます。インクリメントが付加する価値は、前述したように「ボタンを押すとランプが点く」ぐらいの、本当に小さなものでよいのです。試してみてください。

4.3.7　まとめ

- 人間は反復によって技能を獲得する
- 反復がうまく回らないと開発そのものもプロセスの改善もうまくいかない
- 反復するためには、プロダクトバックログアイテムは、「プロダクト」を分割したものである必要がある
- プロダクトバックログアイテムはToDoリストではない
- プロダクトバックログアイテムは本当に小さな価値でよい
- アジャイル開発において、反復がうまく行っている最も重要な指標は、毎回のイテレーション（スプリント）でデモができることである

　上手にプロダクトバックログを作って、反復を回していきましょう！

松永　広明（まつなが　ひろあき）
https://www.lsaconsulting.net/
https://x.com/lsaconsul

LSA CONSULTiNG株式会社　代表取締役
ソニー株式会社、株式会社豆蔵、日本アイ・ビー・エム株式会社、アフラック保険サービス株式会社、MSD株式会社などを経て独立。アジャイル歴は2011年頃から。アジャイルで日本を元気にしたいと思ってがんばってます！

4.4 デザインから逆算して実装の難易度を見積もる

4.4.1　はじめに

　筆者はこれまで、iOSとAndroidの両方でモバイルアプリケーション開発を経験してきました。そのなかで、プロジェクトの成功において、デザインをもとに実装の難易度を見積もることがいかに重要であるかを強く実感しています。iOSとAndroidは、それぞれ異なるデザインガイドラインや技術的な要件を持っており、同じ（ように見える）デザインを実装する場合でも、プラットフォームごとに異なるアプローチが必要です。

　本節では、デザインから逆算して難易度を見積もるときに考慮すべき重要な観点について、筆者の経験を踏まえて解説します。これらの観点をおさえることで、開発チームがデザインと技術的実現性のバランスを取りながら、効率的かつ高品質なアプリケーションを開発するためのヒントを提供できればと思います。

4.4.2　モバイルアプリケーション開発において難易度を見積もるときに重要な観点を整理する

　モバイルアプリケーション開発において、デザインから逆算して実装の難易度を正確に見積もることは、プロジェクトの円滑な進行に不可欠です。次の観点を考慮することで、より精度の高い見積もりを実現できます[2]。

＊2）　プロジェクトの内容や事情によっては、本節で列挙する観点以外でも重要なポイントとなり得る点はあります。

1. UIコンポーネントの複雑さ

UIコンポーネントの選択は、開発の難易度に大きな影響を与えます。標準のUIコンポーネントで実現できる場合は、開発の手間が軽減されますが、カスタムUIコンポーネントが必要な場合は、実装とテストに時間がかかります。また、アニメーションやレイアウトの複雑さもプロジェクトの進行を左右します。シンプルな遷移や配置よりも、複雑なインタラクションや階層構造を持つデザインのほうが、当然必要な工数は多くかかることになります。

2. プラットフォーム間の差異

iOSとAndroidでは、UIガイドラインやプラットフォーム固有の機能にちがいがあります。これらの差異を正しく理解し、両プラットフォームでの一貫性を保ちながら、デザインを適切に実装することが求められます。また、デバイスごとの画面サイズやアスペクト比のちがいにも対応する必要があります。これにより、プラットフォームごとのユーザー体験を最適化し、開発の手戻りを減らすことができます。

3. データフローとステート管理

アプリケーション内のデータフローと状態管理の複雑さも、実装難易度に大きく影響します。単純な画面遷移や状態管理であれば、開発はスムーズに進みますが、複数の依存関係が絡む場合は、慎重な設計とテストが必要です。データの受け渡しや共有の方法を事前に明確にすることで、のちのトラブルを回避できます。

4. パフォーマンスへの影響

アプリケーションのパフォーマンスはユーザー体験を左右するため、リストビューでの大量データの扱いや、画像処理、動画再生などの重い処理を効率的に実装することが求められます。また、バックグラウンド処理やプッシュ通知の実装も、アプリケーションの応答性やバッテリー消費に影響を与えるため、慎重に設計する必要があります。

5. API連携とデータ同期

API連携の複雑さや、オフライン対応の必要性は、開発の難易度に直結します。必要なAPI呼び出しの数やデータの同期方法を事前に計画することで、ネットワークの不安定さやデータの競合を防ぎ、スムーズなデータ同期を実現します。

6. セキュリティ要件

ユーザー認証やデータの暗号化、セキュアなストレージの実装は、アプリケーションのセキュリティを確保するために不可欠です。これらの要件は、実装の複雑さに影響を与えるため、開発の初期段階から考慮する必要があります。

7. アクセシビリティ対応

アプリケーションが多くのユーザーにとって使いやすいものであるためには、アクセシビリティ対応が重要です。色のコントラスト比や音声読み上げ対応、タッチターゲットのサイズなど、アクセシビリティに関する要件を満たすことで、アプリケーションの品質とユーザー満足度を向上させることができます。

8. ローカライゼーション

多言語対応や右から左への表記（RTL）の対応、地域ごとの法的要件や文化的配慮は、グローバル展開を視野に入れたアプリケーション開発において重要です。これらを適切に考慮することで、さまざまな市場での成功を促進します。

9. テスト容易性

テストの容易性は、プロジェクトの進行に大きな影響を与えます。ユニットテストやUI自動テストの実装しやすさ、エッジケースや異常系のテストシナリオを早期に設計することで、あとのバグ発見や修正を最小限におさえることができます。

10. メンテナンス性と拡張性

　コードの再利用性や、将来的な機能追加や変更のしやすさを考慮することは、長期的なプロジェクトの成功に不可欠です。適切なドキュメンテーションを行い、メンテナンス性と拡張性を確保することで、プロジェクトの持続可能性を高めます。

　これらの観点を考慮することで、デザインから逆算して実装の難易度をより正確に見積もることができ、プロジェクトの円滑な進行につながります。

4.4.3　iOS／AndroidそれぞれのUI実装観点からの重要性

　筆者自身はモバイルアプリケーション開発のなかでも、特にUI実装に関連する分野への関心が高いです。この点については、20代のときにデザイナーとしてのキャリアを歩んだことも関係していると思います。ゆえにモバイルアプリケーション開発において、UI実装の観点から見る難易度の見積もりは、プロジェクトの成功に直結する重要な要素であると考えています。

　と同時に、モバイルアプリケーション開発において、iOS／AndroidのUI実装をそれぞれの特徴を踏まえたうえで高い精度で実装難易度を見積もることは、これまでに開発者が実践してきた試行錯誤や経験の積み重ねに左右されやすい点や、場合によっては必ずしも一通りの正解に行き着くとは限らない点を踏まえると、想定する以上に難しいといえます。

　一見すると、同様な見た目や振る舞いをするようなUIに思えるものであっても、いざ実装を進めていくと、必要な工数や手間がiOSとAndroidで大きく食いちがうような場合も珍しくありません。それゆえに、両方のUI表現をあわせる方針をとるよりも、それぞれのデザインガイドラインに沿うかたちにするほうが、かえってシンプルになる場合もあります。

　モバイルアプリケーション開発におけるUI実装の難易度をより正確に見積もるために持っておくとよい観点を整理すると、次にようになると考えています。

1. コンポーネント単位で見たときの方針選択

UI実装において、標準コンポーネントですむか、カスタム開発が必要かで、工数やリソースの配分が大きく異なります。特に、カスタムUIコンポーネントの実装は、描画処理やタッチイベント処理の複雑さがアプリケーションのパフォーマンスとユーザー体験に直接影響を与えるため、慎重な計画と見積もりが求められます。また、プラットフォーム固有のAPIを適切に活用することで、効率的かつ効果的な実装が可能となります。

2. iOS／Android間における考え方の相違点

iOSとAndroidでは、UIガイドラインやレイアウトエンジン、ナビゲーションパターンなどに大きなちがいがあります。これらの差異を理解し、それぞれのプラットフォームに最適化することが、スムーズな実装と高いユーザー満足度を実現する鍵となります。例えば、iOSとAndroidでは画面遷移の基本的な考え方が異なるため、適切なナビゲーション設計が必要です。

3. カスタムUIコンポーネントの実装

カスタムUIコンポーネントの実装においては、プラットフォームごとの最適化が重要です。描画処理の最適化やタッチイベント処理の複雑さを考慮することで、アプリケーションのパフォーマンスを向上させ、ユーザー体験を高めることができます。また、プラットフォーム固有のAPIを理解し、活用することが、高品質なUIを実現するための重要なステップです。

4. アニメーションとトランジション

複雑なアニメーションやトランジションの実装は、UIの滑らかさとインタラクティブ性を高めるために不可欠です。しかし、その実装には、プラットフォーム固有の最適化テクニックが必要となります。特に、アニメーション設計においては、パフォーマンスを考慮した工夫がユーザー体験の向上に直結します。

5. システムUIとの統合

システムUIとの統合、例えばステータスバーやナビゲーションバーの扱いは、アプリケーション全体の見た目と操作性に大きな影響を与えます。iOSのエッジスワイプジェスチャーなど、プラットフォーム固有の動作への対応も、実装上の重要なポイントです。

6. アプリケーションのライフサイクルのちがい

iOSとAndroidでは、アプリケーションのライフサイクル、特にバックグラウンド処理やメモリ管理においてちがいがあります。これらのちがいを理解し、適切に対応することで、アプリケーションの安定性と性能を向上させることができます。特に、複雑なアプリケーションでは、これらの要素を無視すると、パフォーマンスの低下やクラッシュの原因となる可能性があります。

これらの観点を踏まえた難易度見積もりは、プロジェクトの計画とリスク管理を大幅に改善します。また、デザイナーとの協業においても、これらの技術的な制約や可能性を共有することで、実装しやすく、かつユーザー体験の高いデザインの創出につながります。結果として、アプリケーションの品質向上と開発効率の最大化が達成され、プロジェクト全体の成功に寄与します。

4.4.4　アジャイル開発の観点からiOS／Androidでの類似点・相違点をおさえる例

iOS／Android両方のUIガイドライン、レイアウトエンジン、ナビゲーションパターンなどのちがいを事前に把握しておくことで、各プラットフォームに応じた開発タスクの見積もりが正確に行うことができます。スプリント計画の精度が向上するので、リソースの最適配分が可能になります。また、プラットフォームごとの相違点を理解することで、実装上におけるリスクの早期特定から適切な対策を立てることができ、スプリント中に問題が顕在化する前に対処が可能になるので、結果としてスムーズな開発進行を支援することにもつながっていきます。

　次の観点が、難易度を考慮した実装に関する判断をするときの参考になれば嬉しく思います。本節で提示するものはほんの一例です。

- 各プラットフォームのガイドラインやベストプラクティスにできるだけしたがう
- 同じ機能でもプラットフォームによって実装アプローチが異なる場合がある点に注意する
- ユーザー体験を損なわないよう、各プラットフォームの特性を理解したうえで設計・実装する

　最初は小さな単位でもかまいませんので、UI実装関連の手がかりとなる情報を整理したうえで共有したり、チームメンバー同士で実際の成果物に対して考察をする機会を設けたりしながら、チームの共通理解と連携強化を図るような活動を実践することが、まずは大切だと考えています。想定以上に考慮すべき点や、実装を進めるうえでの懸案事項を見えるかたちにして共有することは、チームメンバー内での認識をあわせることにつながり、正確な難易度の見積もりを実施するときの貴重な知見となります。実現可能性を考えるための判断材料となる情報源を、自分ないしはチーム全体で持つことは、エンジニアのみならず、それ以外の職種の方にとっても有意義だと思います。
　例えば、次に示すようなテーマを30分程度の短い時間でチーム内で共有する取り組みからはじめると、よいでしょう。

1. 定期的な公式ドキュメントの確認・新機能やデザインの変更点の共有
2. 両プラットフォームに共通する部分と独自に調整すべき部分の明確化
3. プロトタイプ段階でアニメーション・インタラクションの確認
4. iOS ／ Android の UI 処理における相違点やアプリケーションとの調和の確認
5. 定期的なデザインレビューやユーザビリティテストの実施
6. 各プラットフォームにおける実装の課題や成功事例の共有

1. iOS／Android間における差異を意識したUI表現例

　図4.11は、写真アスペクト比率を考慮したGrid表示を構築するときの例になります。AndroidでRecyclerViewを利用したレイアウトでは、StaggeredGridLayoutManagerを利用することで、比較的シンプルにGrid状のレイアウトを実現できますが、iOSでUICollectionViewを利用するレイアウトにおいては、表示時に算出したアスペクト比率を考慮してセル要素のサイズを決定する必要があります。こちらは、著名なモバイルアプリケーションでもよくお目にかかる機会も多い表現ではあるものの、一方のOSでは比較的簡単に実現できるため、同様の工数でもう一方のOSでの実装を進めると、想定以上の工数を要してしまう典型的な事例の1つといえます。

iOS／Android間で考え方が異なる事例（1）

画像のアスペクト比を考慮したGrid表示を実施する場合の例
※iOSはUIKit／AndroidはXMLでのLayoutを想定した場合を考えています

アスペクト比に合わせた
かたち

iOS：UICollectionViewを利用した実装

UICollectionViewを利用する場合は、このような方針をとることが多い

① UICollectionViewLayoutを利用する（Layout属性設定をカスタマイズする）
② UICollectionViewCompositionalLayoutを利用する（Grid表示に沿うようなレイアウト定義）

計算しやすくする1つの方法としては写真のアスペクト比をJSONで予め持っておくなど……

width/height
を利用して計算

タイトルが入ります。
概要が入ります。

```
{
  "id": 1, "title": "タイトルが入ります。", "summary": "概要が入ります。",
  "image": {
    "url": "...(画像のURL)...", "width": 425, "height": 640
  },
  "gift": { "flag": false, "price": null }
}
```

＊サムネイル高さ = サムネイル幅 * height / width

Android：RecyclerViewを利用した実装

RecyclerViewを利用する場合においては、StaggeredGridLayoutManagerを利用する。
val staggeredGridLayoutManager
　　　　= StaggeredGridLayoutManager(2, StaggeredGridLayoutManager.VERTICAL)
recyclerView.layoutManager = staggeredGridLayoutManager
＊縦方向のGrid表示

① iOS／Android間におけるレイアウト構築方針と特徴を把握することがまずは大切なポイント
② 実際に不安な場合は事前に簡単なかたちで試してみて、その結果をもとに実現可能なかたちを模索するとよい

考え方と難易度が異なる点

同様な表現に見えても部品がちがえば考え方や実装方針も大きく異なる点に注意が必要（工数を判断基準にもなる）

図4.11　iOS／Android間で考え方が異なる事例（1）

　図4.12の表現についても、さまざまなメディアや読み物系のモバイルアプリケーションでよくお目にかかる事例だと思います。Androidでは、「純正コンポーネントで提供されているViewPagerとTabLayoutの組み合わせ」を利用して実現する方針をとります。iOSでは、「UIPageViewControllerとUIScrollView（UICollectionView）の組み合わせ」で実現する場合が多いです。大まかな方針自体は近しいイメージではありますが、切り替え時の表現をカスタマイズしたい場合や、タブ表示要素部分を無限循環するかたちを実現したい場合では、想定以上に難易度が膨れ上がることや、純正コンポーネントだけでは表現できないこともあるので、注意が必要です。

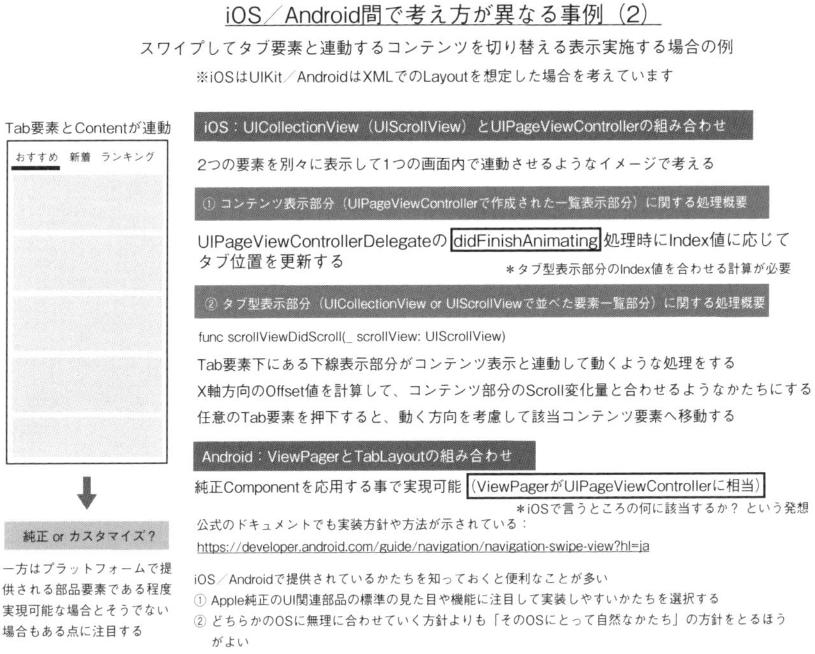

iOS／Android間で考え方が異なる事例（2）

スワイプしてタブ要素と連動するコンテンツを切り替える表示実施する場合の例

※iOSはUIKit／AndroidはXMLでのLayoutを想定した場合を考えています

Tab要素とContentが連動

おすすめ　新着　ランキング

iOS: UICollectionView（UIScrollView）とUIPageViewControllerの組み合わせ

2つの要素を別々に表示して1つの画面内で連動させるようなイメージで考える

① コンテンツ表示部分（UIPageViewControllerで作成された一覧表示部分）に関する処理概要

UIPageViewControllerDelegateの didFinishAnimating 処理時にIndex値に応じてタブ位置を更新する

＊タブ型表示部分のIndex値を合わせる計算が必要

② タブ型表示部分（UICollectionView or UIScrollViewで並べた要素一覧部分）に関する処理概要

func scrollViewDidScroll(_ scrollView: UIScrollView)

Tab要素下にある下線表示部分がコンテンツ表示と連動して動くような処理をする

X軸方向のOffset値を計算して、コンテンツ部分のScroll変化量と合わせるようなかたちにする

任意のTab要素を押下すると、動く方向を考慮して該当コンテンツ要素へ移動する

Android：ViewPagerとTabLayoutの組み合わせ

純正Componentを応用する事で実現可能 （ViewPagerがUIPageViewControllerに相当）

＊iOSで言うところの何に該当するか？ という発想

公式のドキュメントでも実装方針や方法が示されている：
https://developer.android.com/guide/navigation/navigation-swipe-view?hl=ja

iOS／Androidで提供されているかたちを知っておくと便利なことが多い

① Apple純正のUI関連部品の標準の見た目や機能に注目して実装しやすいかたちを選択する

② どちらかのOSに無理に合わせていく方針よりも「そのOSにとって自然なかたち」の方針をとるほうがよい

純正 or カスタマイズ？

一方はプラットフォームで提供される部品要素である程度実現可能な場合とそうでない場合もある点に注目する

図4.12　iOS／Android間で考え方が異なる事例（2）

2. プラットフォームで提供しているUI構成要素に関する例

　Androidでは、図解で示すようなAnimation表現をともなった便利なかたちのコンポーネントが、純正コンポーネントとして提供されている場合がありますが、iOSで類似した表現を実現する場合は、自前で準備する場合や近しい振る舞いを実現可能なOSSを利用する方針をとる場合もあるかと思います。このように、技術的には実現可能であったとしても、片方のOSではあまりお目にかからないUI表現であるケースもあるので、両OSでのガイドラインはもちろん、実装の参考アプリケーションにおいても、iOS ／ Android版を見比べながら調査を進めると、よりよい判断や選択ができると思います。OSSを利用する方針をとる場合には、特に要件にあわせた柔軟なカスタマイズができる余地があるか、そして頻繁に更新や改善が実施されているかという点に注目するとよいでしょう。

<u>iOSでは用意されていないがAndroidでは用意されている表現例</u>

ここでは特徴的なUIコンポーネントをいくつかピックアップしました
※もちろん逆にAndroidには用意されていないがiOSでは用意されているものもあります

Androidでよくある表現事例　→　iOSでは用意されていないが、 自前で作成するには大変な表現の場合もあります

このような表現には気をつける

＊場合によっては便利なOSSなどの活用も検討する

DrawerMenu　Floating Action Button　BottomSheet　Toast

図4.13　iOSでは用意されていないがAndroidでは用意されている表現例

3. 宣言的UIを例にした考え方をあわせられる可能性があり得る例

　図4.14は、前述したGrid表現と少し似ていますが、iOSでUIKitを利用する場合は、UICollectionViewCompositionalLayoutなどを利用して複雑なレイアウトを構築する必要があったり、AndroidでAndroid Viewを利用する場合はStaggeredGridLayoutManagerをそのまま利用するだけでは実現できない構造になります。このような、一筋縄ではいかないレイアウトも宣言的UIの考え方に当てはめると、実はシンプルに実装を進められる場合もあります。iOSではSwiftUIを利用し、AndroidではJetpack Composeを利用する想定ではあるものの、意外とレイアウト構築に対する基本的な考え方は近いことがわかるかと思います。

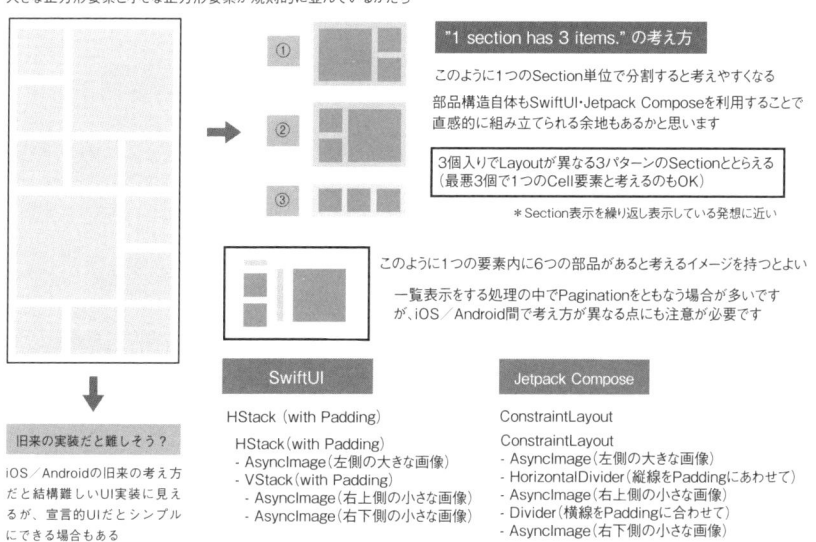

図4.14　複雑な要素をともなう画面を宣言的UIで考え方をあわせる

4. 端末固有の機能を考える場合の例

　カメラ・プッシュ通知・音や動画に関連する処理は、モバイルアプリケーション内の機能でもよく利用される反面、iOS ／ Android間における考え方や端末による差異が出やすいものになります。図4.15で紹介しているのは、動画プレイヤー機能を有するモバイルアプリケーションにおいて、バックグラウンド状態になった場合に音声のみ再生を継続するようなかたちを実現するときの事例になります。同様な機能やユーザー体験を提供するにあたり、実装方針はもとより個々の機能を実現するための必要な知識や考え方の相違点や特徴をとらえることが必要になってきます。

　アジャイル開発の観点からiOS ／ Android間の差異をおさえることで、開発プロセスが大きく改善されます。プラットフォーム固有の特性を理解することで、迅速な開発と反復が可能になり、潜在的なリスクを早期に特定し管理することにもつながると思います。

図4.15　動画プレイヤー機能など端末に依存するものは特に注意が必要

また、効率的なリソース配分と品質向上につながり、各プラットフォームのベストプラクティスにもとづいた最適な実装が実現します。

これにより、ユーザー体験の一貫性を保ちつつ、各OSの特性を活かした付加価値を提供でき、顧客満足度の向上につながります。さらに、チーム内でのナレッジ共有が促進され、開発者のスキル向上と柔軟な対応力の獲得が期待できます。

4.4.5 なぜこの観点がアジャイル開発において重要だと考えるか?

「デザインから逆算して難易度を見積もるための観点」がアジャイル開発において重要となる理由は、アジャイル開発の特性や目指す成果と密接に関係するからだと考えています。

1. 迅速なフィードバックサイクルの促進

アジャイル開発では、短いスプリントで継続的にプロダクトをリリースし、ユーザーからのフィードバックを迅速に反映することが求められます。デザインから逆算して難易度を正確に見積もることで、スプリントごとに達成可能なタスクを正確に割り当てることができ、フィードバックサイクルを円滑に進めることが可能になります。

2. 優先順位の明確化とスコープ管理

アジャイル開発では、機能やタスクの優先順位づけが重要です。デザインから逆算して難易度を見積もることで、技術的に複雑で時間のかかるタスクを早期に把握し、スプリントの計画段階で適切に優先順位をつけることができます。また、スコープ管理がしやすくなり、リソースを最適に配分することで、開発の進行をスムーズに保つことができます。

3. チームの共通理解と連携の強化

アジャイル開発は、チーム全体の連携と協力が非常に重要です。デザインから逆算して難易度を見積もるとき、UIコンポーネントの複雑さやプラットフォーム間の差異、データフローの管理など、各メンバーが直面する課題を共有することで、チーム全体が共通の理解を持つことができます。これによ

り、役割分担が明確になり、チーム全体で効率的に作業を進めることが可能になります。

4. リスク管理と技術的負債の抑制

アジャイル開発では、技術的負債を最小限におさえることが重要です。デザインから逆算して難易度を見積もることで、潜在的なリスクを早期に特定し、適切な対策を講じることができます。これにより、スプリント後半での問題発生や、リリース直前での修正が必要になる状況を防ぐことができ、スムーズな開発を維持できます。

5. 持続可能なペースの確保

アジャイル開発では、持続可能な開発ペースを維持することが求められます。デザインから逆算して難易度を見積もることで、開発チームが過剰な負荷をかけられることなく、適切なペースで進行できるように計画を立てることができます。これにより、チームメンバーのバーンアウトを防ぎ、長期的に高い生産性を維持することが可能です。

6. ユーザー価値の最大化

アジャイル開発は、ユーザーにとって最も価値のある機能・体験を優先して提供することを目指します。デザインから逆算して難易度を見積もることで、どの機能がユーザーにとって重要か、またその機能を実現するために必要な工数やリソースを正確に把握できます。これにより、限られた時間とリソースのなかで最大のユーザー価値を提供するための判断が容易になります。

アジャイル開発において、デザインから逆算して難易度を見積もる観点は、スムーズなスプリント計画、リスクの早期発見、チーム全体の連携、持続可能な開発ペースの維持、そしてユーザー価値の最大化に直結します。これらはアジャイル開発の成功に欠かせない要素であり、結果としてプロジェクト全体の効率と品質を高めることにつながるからです。

4.4.6　まとめ

　繰り返しになりますが、モバイルアプリケーション開発プロセスにおいて、デザインから逆算して難易度を適切に見積もるためには、次の観点が重要だと考えています。

チーム全体の連携

　プロダクトマネージャー・デザイナー・エンジニア・QAなど、各役割が1つのチームとして協力することが不可欠になります。特に、UI実装と機能ロジックは切り離して考えることが難しい場合も珍しくないため、役割や職種を越えて共通理解を持っている状態が望ましいと思います。

技術的な実現可能性の評価

　デザインが提案された時点で「実現が技術的にどれほど難しいか？」という問いを常に持ち、評価することも重要になってきます。特に、デザインをできる限り完璧に再現するに当たり、複雑な実装が必要となる箇所を早期に特定することで、実現可能性の模索や難しい場合における代替案を検討がしやすくなると思います。

時間とリソース制約の考慮

　時間やリソースには限りがあるため、実装の難易度が高い部分を早期に見極めることが求められます。これにより、開発プロセスの初期段階でリスクを管理し、優先順位をつけて進めることが可能になります。

最適解を導くための準備が大切

　これらの観点をもとに、開発初期の段階でチームが一丸となってデザインと技術的な要件のバランスを取りながら、最適なアプローチを見出すことがアジャイルを進めていくうえでは重要になります。

　加えて、モバイルアプリケーション開発において、デザインから逆算して難易度を見積もるときは、前段階での準備力が極めて重要になると考えています。機能実現において、見た目だけでなく、裏側の技術的な実現可能性を早期に評価する必要があります。時間やリソースが限られた状況で、技術的

に難しい部分やリスクの高い部分を特定し、対応するための準備を進めることが重要です。この「目に見えない部分」への準備力が、素早く正解を見出すための基盤となります。

これらの準備がしっかりとできていれば、アジャイル開発のなかで、デザインから逆算し、実現可能なスケジュールやリソースを確度が高く見積もることができ、チームとしての成功にも大きくつながると思います。

4.4.7　参考資料

iOS ／ Android間での差異を意識しながらよりよい実装を考えるためのアプローチ事例については、筆者自身も業務内外で取り組んでいる最中です。これまで筆者が執筆した記事や登壇資料を何点か掲載しますので、今後の参考になれば幸いです。

- 円滑なUI＆機能実装やデザイナーとの共同作業を進めるために心がけてきた事[3]
- 複雑なUI実装の壁を越えるための考え方事例紹介[4]

---

[3]　https://github.com/fumiyasac/iosdc2021_pamphlet_manuscript/blob/main/manuscript.md
[4]　https://speakerdeck.com/fumiyasac0921/androidjian-deshi-zhuang-wohe-waseruhinto

酒井　文也（さかい　ふみや）
https://x.com/fumiyasac

アプリのUI実装が好きな、元デザイナーからジョブチェンジをしたエンジニア。平素の業務以外でもUI実装に関するサンプルや解説記事を投稿したり、iOS ／ Androidアプリケーション開発での勉強会で登壇しています。
アイデアを練ったり、設計のためのメモや図解を作るときは、もっぱら手書きで描くことが多いです。

第 5 章

実例で学ぶ アジャイルの ポイント

5.1 アジャイルのはじめ方と続け方

5.1.1　はじめに

　本節は、すでにバリバリと濃いアジャイルを実践している人には当たり前の内容かもしれません。むしろ、次のような境遇の人に読んでいただき、何かヒントになるものが得られれば嬉しいです。

想定する対象読者（読んでほしい人）
- 過去アジャイルに取り組んでみたけれど、うまくいかなかった人
- 現在アジャイルに取り組んでいるけれど、うまくいっていない人
- これからアジャイルに取り組もうとしているけれど、どうはじめたらよいかわからない人

5.1.2　アジャイルとの出会い

　「今よりもっとうまくソフトウェアを開発したい」「価値あるソフトウェアを利用者に届けたい」ソフトウェア開発を志す人ならば、一度はそんなことを考えたことがあるのではないでしょうか。

　実際にそんなことができたら、どんなに素晴らしいことでしょう。でも現実は厳しく、「誰が」「いつ」「どんな目的で」決めたのかよくわからない開発ルールという枠組みのなかで、あまり役に立たないと感じながらも「でもそういう規則だから……」と、渋々あるいは必死に不合理と戦って苦しんでいるケースも未だに多いかもしれません。

　そんな状況に耐えかねて、ソフトウェア開発から逃亡しようと画策しました。しかし、幸か不幸か2008年の秋に発生したリーマンショックで、はじめての「転職」という名の逃亡が見事に失敗したあと、生きる（食いつなぐ）ために不本意ながら再びソフトウェア開発の仕事へ戻ることにしました。日々の作業に追われるなか、2012年頃たまたま本屋で目にして手に取ったのが書籍『アジャイルサムライ——達人開発者への道』（オーム社,2011）[1]でした。今から遡ること遥か10年以上も前のことです。衝撃的な内容に興奮して一気に読み終え、気になった部分を蛍光ペンでマーキングし、ふせんを貼りまくったことを今でも覚えています。

5.1.3　はじめてのアジャイル開発

　当時、景気が悪かったことが幸いし、アサイン先がなく社内で浮いていた人員を活用して、自社サービスのプロトタイプを開発するというプロジェクトが立ち上がりました。『アジャイルサムライ』を読んでアジャイル熱に浮かされていた筆者にとって、これは千載一遇のチャンスでした。「アジャイル開発でやらせてください！」と上司に懇願して、なんとか受け入れてもらいました。そして、「約2週間のスプリントごとに動くソフトウェアを届けます！」と（実際できるかどうかわかりませんでしたが）約束しました。その当時のプロジェクト開始時のチームの体制は、図5.1のようなものでした。

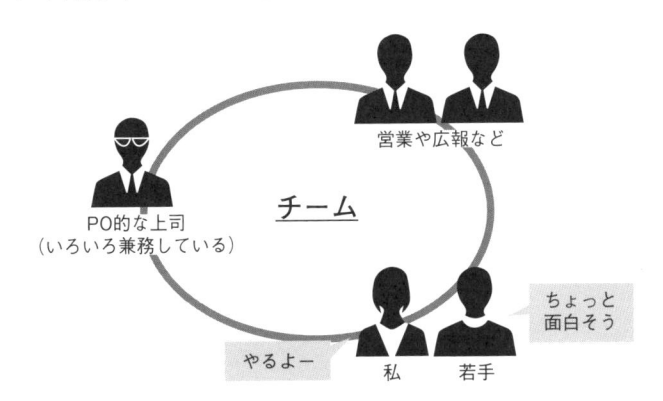

図5.1　プロジェクト開始時のチームの体制

---

[1]　以下、『アジャイルサムライ』

当時の私のアジャイルのインプットは、『アジャイルサムライ』と、ネットをあさって調べた情報だけでした。とにかくアジャイルだかスクラムだかもよくわからないまま手探りではじめました。最初にやったこと（プラクティス）は、次の3つでした。

- 朝会（デイリースクラム）
- スプリント（約2週間）
- ふりかえり（レトロスペクティブ）

「たったこれだけ？」と思うかもしれませんが、たったこれだけでも序盤からいきなり躓きました。まず、朝会が時間どおりにはじまりません。上司に声をかけられたプロダクトオーナー（以下、PO）が、頻繁に朝会をスキップしてきました。さらに、確かに合意したはずの「スプリント開始時のWIP制限*2」を無視して、どんどんと追加タスクを積んできました。プラクティスが理解されず、乱れるリズム。つのるイライラ。駄々下がる開発者のモチベーション。

万事こんな調子で、序盤は思った以上に思ったようには進みませんでした。加えて、私の相棒である若手開発者が「僕は過去をふりかえらない男なので」と、頑なにふりかえりを拒否したりもしました。新しいことをはじめる場合は「たったこれだけ？」のことでも本当に大変だと感じました。

5.1.4　地道な改善

序盤の躓きもあり、アジャイルごっこにもなっていない状況で、何度も挫折しかけました。しかし、相棒に懇願して、なんとか「ふりかえり」を継続してもらい、地道な改善を続けたことで、どうにか継続することができました。当時実践してみて効果を感じられた改善例をいくつかご紹介します。

---

*2）WIP制限：進行中の作業（Work in progress）の量を制限すること。同時進行できる作業量を制限することで、タスクの切り替えにともなう無駄を省いたり、1つのタスクに集中することで早く完了することが期待できます。また、早く完了することにより、フィードバックが増えたり品質が向上することが期待できます。

ご近所さん（プロジェクト関係者）の見える化

そもそも共通の目的に向かうワンチームとしての意識が希薄で、目先の利害が一致せず不穏な空気になる場面が何度もありました。また、チームに影響を与えるステークホルダーの認識も人それぞれで、議論が空中戦になってしまうことも一度や二度ではありませんでした。そこで、『アジャイルサムライ』のインセプションデッキを参考に、ご近所さんを探せ（ステークホルダーを含めたプロジェクト関係者）の図を壁に貼り出して、自分たちが同じチームメンバーとだということを視覚的に認識できるようにしました（図5.2）。

こうすることで、チームとして共通の課題と対峙し、解決に向けて建設的な協力がしやすくなりました。また、協力しやすい空気が醸成されたことにより、スプリントの途中で開発中のソフトウェアを開発者が積極的に披露して、より素早いフィードバックを得ることも可能になりました。

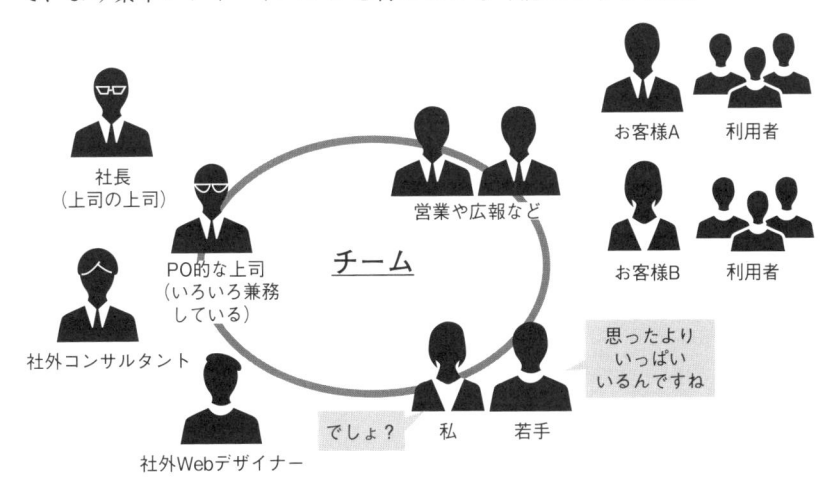

図5.2　ご近所さんを探せの図

バックログの種類をプロダクト用とスプリント用に分けて管理

見様見真似ではじめたこともあり、序盤はバックログの粒度もかなり混沌としていました。POや営業や広報は、ビジネス価値が関心ごとの中心です。一方で、開発者は、ビジネス価値を生み出すために必要な具体的な作業が関心ごとの中心になります。このように、観点や粒度が異なるバックログが混在し、かつ、膨大な数になっていったことで、徐々に管理が煩雑になってい

実例で学ぶアジャイルのポイント

5

きました。その結果、作業状況の確認やフォローも難しくなり、デイリースクラムの時間もどんどん長くなっていきました。

　そこで、バックログを次のように明確に区別して管理することにしました。

- プロダクトバックログ：ビジネス価値（利用者にとっての価値）を実現する単位
- スプリントバックログ：プロダクトバックログをスプリントで実現するため具体的な作業に細分化した単位

　こうすることで、POや営業や広報は「プロダクトバックログ」だけを気にすればよくなります。また、開発者は「プロダクトバックログ」を理解しつつ、それを実現するための具体的な作業として「スプリントバックログ」を意識的に利用できるようになりました。

　このように、バックログの種類を分けて管理するようにしてからは、管理の煩雑さがかなり軽減されました。また、以前よくあったPOのマイクロマネジメント（細かなタスク単位の指示）も、かなり減ったように思います。

　地道な改善を継続的にコツコツと続けて、その効果が実感できるようになってくると、チームメンバーの意識も少しずつ変わっていきました。自称「過去をふりかえらない男」を明言していた若手開発者が、あるときふいに**「環境って自分たちで変えられるものなんですね。僕、知りませんでした」**といってくれました。

　この言葉を聞いて、筆者も少し救われた気持ちになりました。

　それ以来、彼は社内の特別な協力者になり、社内勉強会の企画や社外コミュニティでの発表など、ことあるごとに積極的に協力してくれるようになりました。その後、彼とともに成功も失敗も数多く経験することになるのですが、それまでと決定的にちがったのは、彼の協力がなかった頃と比べて、社内あるいはプロジェクトで新しいことを試すまでに要する時間が圧倒的に短くなったことでした。

5.1.5　学んだこと

　変革を推し進めるためにはリーダー（先達）が必要だということは、誰しも認めるところだと思います。しかし、リーダー独りだけではものごとはなかなか思ったようには進みません。変革の取り組みを支持してくれる最初の協力者（以下、ファーストフォロワー）がたった1人いてくれるだけで、新しい取り組みに対する推進力がまったくちがってきます。さらに2人なら、失敗も最高の「ふりかえり」のネタ（むしろ宝物）として前向きにとらえることができるようになり、1人では躊躇して（人知れず）諦めてしまうようなケースも激減します。

　このように、変革の取り組みを支持するファーストフォロワーが存在することで、最初は突飛に見えるような取り組みにも信憑性が生まれ、多くの人たちが参加するきっかけとなり、やがて大きな変革へとつながっていくことがあります。このしくみについて、アメリカの起業家Derek Sivers氏が2010年のTEDカンファレンス「社会運動はどうやって起こすか（How to start a movement）」[3]でわかりやすく解説してくれています。まさにこれは、私がアジャイルを実践していくなかで学んだことそのものでした。

5.1.6　その後の現場で

　その後もさまざまな困難に遭遇しましたが、「ファーストフォロワー」を見つけて、まず「2人」からはじめることで、私なりのアジャイルな取り組みを続けることができました。

エピソード1：前職の現場にて

　客先に常駐して、顧客側のエンジニアと自社エンジニアで混成チームを組んでGIS系アプリケーションを開発する現場でした。開発の人手がたりないということで、私は3ヵ月の期間限定の助っ人としてプロジェクトへ送り込

---

[3]　https://www.ted.com/talks/derek_sivers_how_to_start_a_movement/ TEDカンファレンス2010「社会運動はどうやって起こすか（How to start a movement）」

まれたはずなのですが、なぜか2年以上そこですごすことになりました。その現場で取り組んだエピソードを少しだけご紹介します。

▶ Step1：若手エンジニアと「2人」で朝会をはじめる

常駐先の現場で若手エンジニア（顧客）と2人で朝会をはじめました。毎週ふりかえりを実施して継続的な改善を続けたことで、ほかのチームから注目されるようになりました。最終的に当時の現場の全チーム（3チーム）に朝会とふりかえりが定着しました。

▶ Step2：シニアエンジニアと「2人」で勉強会へ参加する

アジャイルに興味を持ってくれた常駐先のシニアエンジニア（顧客）を誘って、2人で社外の勉強会へ参加しました。勉強会で得た気づきや知見を糧（肴）に、あるべき姿や目指すべき方向について何度も話し合いました。一緒にさまざまな試みを行いました。例えば、コミュニティのツテで社外講師を招聘して、チームやエンジニアに向けた勉強会を開催したりもしました。改善の一環でJenkinsを導入し、これまで手動だったビルドやインストーラー作成などの定型作業を自動化して、エンジニアの作業負荷やストレスを低減しました。また、人的ミスによる不具合も大幅に減らすことができました。

エピソード2：現職の現場にて

その後転職して現職にいるのですが、とある受託開発プロジェクトで開発リーダーを担うことになりました。若手エンジニアが中心の数名規模の小さいチームでの開発だったため、「これまで培ったアジャイル開発の知見が活かせそうだな」と感じ、若手エンジニアたちへそのエッセンスを伝えながら開発を進めていました。

▶ Step1：担当プロジェクトで若手エンジニアと「2人」でスクラムを画策

アジャイル開発やスクラムの魅力や勘所など伝えたあと、スクラムに興味を持ってくれた若手エンジニアと一緒に「なんちゃってスクラム」をはじめて、筆者がスクラムマスターの役割を担いました。あえて「なんちゃって」と称して、最初の心理的な導入ハードルを下げて実施しました。とはいえ、まったくの骨抜きになっては元も子もないので、厳格ではないものの勘所はおさえるように注意しながら、開発を進めました。

▶ Step2：プロジェクトマネージャーと「2人」で顧客にスクラムを提案

「なんちゃってスクラム」の進め方や成果に興味を持ってくれたプロジェクトマネージャーと協力して、顧客に対してスクラムでの開発を提案することにしました。スクラムの利点や顧客に担ってもらいたい役割などを提案書にまとめて客先でプレゼンしたところ、幸運にも受け入れてもらえました。その後の開発のなかでは、それなりにいろいろなことがありましたが、最終的にはしっかりと顧客へ価値を届けることができたと思います。

▶ Step3：社内でアジャイルを推進する役割を「2人」で担う

最近では社内へアジャイル開発を推進・啓蒙する役割（CoE：Center of Excellence）を担っています。かつてのアジャイルコミュニティで知り合った仲間が偶然同じ会社に（しかも驚くべきことにほぼ同じタイミングで）入社してきたこともあり、ここ数年は二人三脚で支え合いながら活動に取り組んでいます。

5.1.7　これからアジャイルをはじめる人へ

正しいアジャイルやスクラムなのかどうかを気にしすぎないでほしいと思います。

確かに、「アジャイルソフトウェア開発宣言」や、XP（Extreme Programming）や、スクラムなどの原則や価値を理解することは重要だと思います。しかし、ものごとはすべてゼロイチで割り切れるほど単純ではありません。理想と現実の間でバランスを取りながら実践し学び続けていくことが、より重要だと私は考えています。「そんなの本当のアジャイルじゃない」なんて、誰かからいわれても、どうか歩みをやめないでください。

日本におけるアジャイル開発の第一人者の平鍋健児氏も、かつて「アジャイルなんて今の仕事で使えないじゃん！」といわれる境遇に陥ったことがあるそうです。そんなとき、「今の仕事を今よりもよくすることはできる」という言葉に救われ、アジャイルにこだわりすぎることをやめ、アジャイルの要素を使って「いきいきとした仕事がしたい」「お客さんと喜び合える仕事がしたい」という気持ちに切り替えて、改善や工夫を続けたそうです。私もその

言葉には何度も救われてきました。このエピソードは Agile Japan 2016 の基調講演で語られていますので、よかったら次の記事も読んでみてください（筆者が過去に執筆した記事です）。

https://www.manaslink.com/articles/15011

5.1.8　おわりに

これまでアジャイルを学び、拙いながら実践し続けてこられたのは、そのときどきでよき協力者に恵まれたことが最大の要因だったと考えています。与えられた境遇のなかで「ファーストフォロワー」を見つけて、まず「2人」からはじめることで、今日までアジャイルを実践し続けることができました。運もあるかもしれませんが、自分の意志で前進し、試行錯誤してあがき続けて困っていると、不思議とよいフォロワーに出会えることが多かったように思います。社内だけでなく、社外のコミュニティなどでも、助けてくれるフォロワーがきっといると思います。そう信じて、まずは最初のフォロワーを見つけて、「2人」からアジャイルをはじめてみてはいかがでしょうか。

砂田　文宏（すなだ　ふみひろ）
https://x.com/orinbou
https://blog.orinbou.info/

認定スクラムマスター（CSM）／認定スクラムプロダクトオーナー（CSPO）
株式会社ビッグツリーテクノロジー＆コンサルティング（通称：BTC）でテックリードやスクラムマスターなどを生業としています。
社内へアジャイル開発を啓蒙するべく Agile CoE メンバーとしても奮闘中です。
AWS（SAP、DOP）とk8s（KCNA、CKA、CKAD、CKS）チョットデキル。
趣味はゆるキャンプ△とサイクリング。

5.2
インセプションデッキで
チーム目標を確認する

5.2.1　はじめに

　本節では、朝会などの定期的に開催されている開発イベントの目的を答えることができなかったことをきっかけに、アジャイル開発とはじめて向き合った話を共有します。

　インセプションデッキという言葉も知らなかった状態から、チームに必要なことを考え、カイゼンをスタートさせることができました。

　筆者と同じようにアジャイルにはじめて向き合い、はじめて悩んでいる方にとって、何かの参考になれば幸いです。

5.2.2　開発チームに新規着任

　昨年、筆者はプロダクトのバッチ開発担当から別の新しい開発チームにアサインされました。5名のチームに対して、筆者を含めた3名の新規着任、サブリーダー相当の方が1名離任するという規模の大きいメンバー入れ替えが発生したタイミングでの着任になります。

　新しい開発チームでは、「スクラムガイド」*4 にあるスクラムイベントに相当する開発イベントが開催されており、「しっかりアジャイルっぽいことをやっているチームですごいな」というのが正直な感想でした。

＊4）https://scrumguides.org/docs/scrumguide/v2020/2020-Scrum-Guide-Japanese.pdf

　はじめての案件実施時には、疑問に思ったことをSlackに書き込むと、答えられる人に回答をすぐもらったり、必要に応じて通話をつないでサクッと解決したり、しかもその動きをチーム全員で補い合っており、「なんてよいチームに来たんだ！」と感じていました。

　しかし、上司は「メンバーの大量入れ替えにともない、チームの文化とスタンス部分を心配している」といっていました。特にチームに問題を感じていなかった筆者は、その言葉の真意を理解することができませんでした。なお、表5.1は、筆者の開発チームでの開発イベントの呼び方を一般的なスクラムイベントの呼び方に対応させた表です。呼び方そのものは本質的なものではないかもしれませんが、その目的が必ずしも共有、一致していなかったのかもしれません。

表5.1　スクラムイベントと開発イベントの対応

スクラムイベント	筆者の開発チームでの呼び方
スプリントプランニング	開発見積もり会
デイリースクラム	朝会
スプリントレビュー	レビュー会
スプリントレトロスペクティブ	開発ふりかえり

5.2.3　朝会の目的……？

　ある日、いつもどおり開催されている朝会に上司がふらっとやってきて、一通り終わったあとに「朝会ってなんでやっているんだっけ？　もしかしたらもう少し短くできるかも」と筆者とチームリーダーに質問しました。しかし、筆者もチームリーダーも、その質問に明確に答えることはできませんでした。

　この質問に答えられないということは、毎日行われている朝会が、実施されてはいるがなんのために行っているのか誰もわからない恐ろしい状況であるということです。それをこのタイミングではじめて認識しました。

　朝会は「日々の作業内容を報告すればよいのかな」とぼんやり思っていましたが、進捗状況を共有する理由、朝会で話すべき話題など、会議体として重要な項目が明確でないまま運用されている現状がそこにはありました。

目的や内容がはっきりしていないので、作業進捗共有の流れから話題が逸れて議論が発散してしまい、朝会そのものに時間がかかってしまうことも多々ありました。朝会は開発メンバー全員が出席しており、かなり多くの工数をさいています。筆者には、本当にかけた工数の価値がある時間になっているか、自信を持って「YES」と答えることができませんでした。

5.2.4　インセプションデッキとの出会い

このままではよくないことは理解できましたが、どうやって現状を打破できるか途方に暮れていました。そんな筆者に対して、上司は「インセプションデッキ的な何かをチームで取り組んだほうがよいかもね」という助言をくれました。その助言を聞いた筆者は「なるほど, わからん」状態でしたので、その言葉の意味を調べ、書籍『アジャイルサムライ——達人開発者への道』（オーム社,2011）にたどり着きました。

インセプションデッキ[5]とは、10個の質問から構成される、プロジェクト開始前に認識をあわせておきたい内容です（表5.2）。5つの「Why」と5つの「How」の合計10個の質問から構成されます。主にプロジェクトチーム発足時に使用されるものですが、多くのチームメンバーが入れ替わったチームにも適用可能だと思いました。

しかし、10個の質問すべてに取り組もうとすると膨大な時間がかかり、今のチームには必ずしも取り組む必要がない質問もあると感じました。そこで、チームリーダーともインセプションデッキの実施とその内容の議論を行いました。その結果、開発チームのキックオフを対面開催し、そのなかでインセプションデッキの1つである「我々はなぜここにいるのか？」に取り組むことを決めました。

表5.2　インセプションデッキ 10個の質問

インセプションデッキ 10個の質問
1. 我々はなぜここにいるのか？
2. エレベーターピッチ
3. パッケージデザイン
4. やらないことリスト
5.「ご近所さん」を探せ
6. 技術的な解決案を描く
7. 夜も眠れない問題
8. 期間を見極める
9. トレードオフスライダー
10. 何がどれだけ必要か

---

[5]　インセプションデッキのテンプレート　https://github.com/agile-samurai-ja/support/tree/master/blank-inception-deck

実例で学ぶアジャイルのポイント

5

5.2.5　チーム対面キックオフと得られたもの

　事前に出社日を調整して開発チームキックオフを対面開催しました。午前中はキックオフを行い、午後から「我々はなぜここにいるのか？」を開発チームで実施しました。議論は白熱して、半日以上の時間をかけてメンバー全員で合意した回答をまとめることができました。

　「我々はなぜここにいるのか？」に答えることによって、開発メンバー全員で合意したチーム目標ができあがり、新しい施策や既存の施策の目的を議論するときのチームが立ち返る場所ができました。

　個人的な収穫もありました。「我々はなぜここにいるのか？」を議論するとき、やったことのないファシリテーション役に挑戦してみましたが、意外とやってみればなんとかなることを学びました。同時に、悩んでいる様子や喜んでいる様子が表に出すぎる性質があるので、ファシリテーションをするときは議論を進める邪魔にならない程度に、もう少し感情コントロールができるとよりよいという課題も自覚することができました。普段の業務でファシリテーションスキルと向き合う機会があまりなかったので、貴重な経験になりました。

　そして、はじめて対面したチームメンバーとお昼においしいラーメンを一緒に食べた絆も手に入れることができました（嬉しすぎて卵をためらうことなくトッピングして、いつもより豪華にしました）。

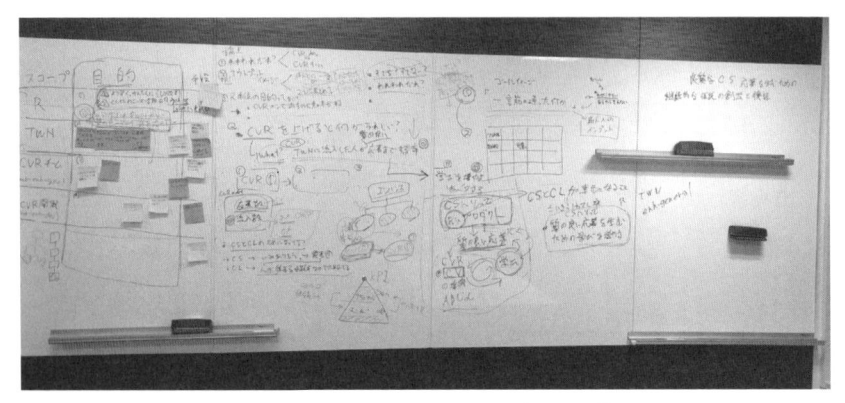

図5.3　キックオフ時のホワイトボードの様子

5.2.6　キックオフのその後

　インセプションデッキのおかげで、開発メンバー全員でチーム目標を決めることができました。しかし、これはスタート地点に立ったにすぎません。

　現在は、いつの間にか目的が明確でなくなってしまっていた定例イベントの目的を、開発チームのふりかえりの時間を使って少しずつ見直しを進めています。今まで当たり前のようにすごしていたイベントの目的をあらためて考えるので、そう簡単に議論が進まないのが正直なところです。

　しかし、今の我々には立ち返るチーム目標があるので、議論が発散しそうになったり、判断に迷ったときは、チーム目標に立ち返り、着実に議論を進めることができるようになりました。これは大きな一歩なのではないかと思います。

　チーム全員が定例開発イベントの目的がいえること、その目的がメンバー間で相違がないこと、必要に応じて柔軟にアップデートできることを目指して、今日も「改善」に取り組んでいきます。

5.2.7　まとめ

　今回のできごとで、はじめてアジャイル開発と向き合い、目の前のチームに必要なものは何かを考え、もがきながら実践する貴重な経験をすることができました。次は文化を吹き込む側となって、開発チームのアウトカムを最大化させ、プロダクトを使っている方々やチームメイトの役に立てるようになりたいです。

　もし、筆者と同じようになんとなく朝会など定期イベントは実施しているけど「なんでやっている？」という質問に答えられない、あるいはチームメンバーで回答がバラバラな状況であれば、まずはインセプションデッキの「我々はなぜここにいるのか？」だけでも時間をかけて考えることをおすすめします。チームの拠り所ができて、以降の議論がスムーズになると思います。

竹内　尊紀（たけうち　たかのり）
https://x.com/otake-shol

株式会社リクルートに新卒入社。HR領域の開発を主に担当し、現在はタウンワークの開発に携わっている。

5.3
関係の質を改善させる 12のこと

5.3.1 はじめに

　筆者は長年受託アジャイル（最近では共創アジャイルと呼ぶことも多いですが）のプロジェクトに携わってきました。共創アジャイルを実践してきたなかで、アジャイル開発において組織・チーム・人との関係性がプロダクトの成功に極めて重要であるということに気づきました。

　Daniel Kim氏によって提唱された成功の循環モデル[6]では、最初から成果（**結果の質**）を求めようとすると、チームが直接的な数字作りに走り、チーム内に摩擦や対立が生まれ（**関係の質**の悪化）、心理的安全性が確保されず（**思考の質**の悪化）、行動が消極的になり（**行動の質**の悪化）、さらに結果が悪くなる（**結果の質**の悪化）という「**失敗の循環**」が生まれると述べられています。

　反対に、「**成功の循環**」としてチームの関係性がよくなることから着手する（**関係の質**の向上）と、考え方が前向きになることで多くのメンバーによる気づきが生まれ（**思考の質**の向上）、チームの積極的・自律的な行動につながり（**行動の質**の向上）、成果が生まれ（**結果の質**の向上）、成果が生まれることでますます関係性がよくなる（**関係の質**のさらなる向上）と述べられています（図5.4）。

　プロダクトを成功に導くために、前述のように多くの関係が必要となります。顧客と開発チームが密接に連携し、透明性とコミュニケーションを重視することで、よりよい製品を迅速に提供することが可能となります。

＊6）成功の循環：https://www.humanvalue.co.jp/keywords/theory-of-success/

　また、チーム内外の信頼関係と協力体制はプロダクトの成功に不可欠です。フィードバックを受け入れ改善を続けることで組織全体が成長し、より高い成果を生み出すことができるでしょう。

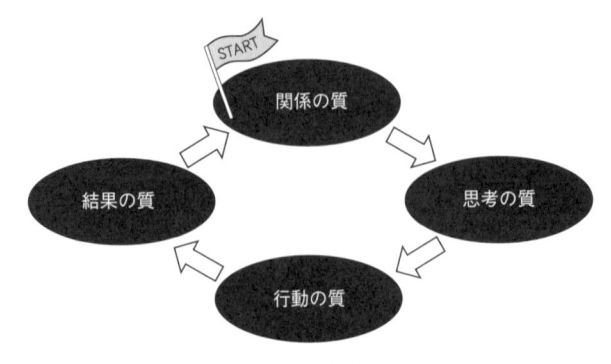

図5.4　成功の循環

　「関係」と一言でいっても、アジャイル開発の現場では多くの場面、人物間での関係があります。

- 顧客と一緒に本当に必要とするものについて考えられる関係
- 開発者が顧客に必要なものを正しく理解できる関係
- 開発したものに対し顧客にフィードバックをもらえる関係
- チームの活動をサポートし、モチベーションを高められる関係
- 問題が発生したときにオープンに話し合い、迅速に解決できる関係
- チームメンバー同士が信頼し合い、協力して課題に取り組む関係
- 継続的な改善を追求し、成長し続ける関係

　本節では、筆者が実際に取り組んで効果のあった関係性向上の手法を、チーム内およびチーム外の2つの視点から紹介します。すべての組織に適用できるわけではありませんので、各組織の状況に応じて判断していただければと思います。

5.3.2　チーム内のよい関係性の作り方

　チーム内の関係性を改善するために実施した取り組みについて解説します。

やってよかったこと1：スクラムの勉強会を定期開催する

- やったこと
  チーム立ち上げ直後に、1スプリントに1時間くらいかけて、スクラムについての勉強会を実施しました。一部メンバーからは、そんなことよりさっさと開発を進めたいと言う声も出ましたが、必要コストと割り切って開催することにしました。

- 過去に取り上げたテーマ
  —直近のスプリントで発生した事象に対するケーススタディ
  —スクラム関連書籍の読書会
  —スクラム関連イベントの動画鑑賞
  —ワークショップの実施

- 効果：
  —チームのスクラムへの理解度が一定の水準となる
  —理解レベルを合わせる時間が減り、本質に集中できる
  —メンバーが学習することでエンゲージメント向上につながる

- 実践のコツ：
  勉強会の準備に時間がかからないものを選ぶようにしました。
  以前のチームで準備を持ち回りにしたところ、「準備の負荷が高い」という理由でエンゲージメントが逆に下がってしまうことがありました。
  日頃から多くの勉強会テーマのストックを用意して、準備に時間をかけずに開催できるようにします。

やってよかったこと2：競合システムの勉強会を開催する

- やったこと

  チームが開発するプロダクトに競合製品がある場合は、その製品をみんなで触って意見を交換する時間を設けました。

  さらにそのなかで、みんなで画面を操作し、気づいたことを言い合い、自分たちのプロダクトの価値向上につながるものはPBIに追加するなどとして、プロダクトへの理解を深めるようにしました。

- 効果：

  —POとチームが対等な立場で意見を交換でき距離が縮まる

  —みんなで意見を共有することでチームの一体感が強くなる

  —POがプロダクトへの思いを伝えることができる

  —サービスへの理解が深まりチーム内の認識離齬が減る

やってよかったこと3：PBIをチームみんなで作る

- やったこと

  あるチームでは、立ち上げ時こそユーザーストーリーマッピングをみんなで検討しましたが、それ以降は何となくPOがユーザーストーリーを考える人、開発者が開発する人と徐々に役割が決められてしまっていました。POと開発者の関係が遠くなっていくのを感じたので、POにはPBIの完成度の低い（エピック単位までしか検討していない）状態でプロダクトバックログリファインメントに挑んでもらうことにしました。

  また、プロダクトバックログリファインメントのなかで、チーム全員でエピック単位のユーザーストーリーマッピングを作成するワークを行いました。

- 効果：

  —チームでワークをすることで一体感が強くなる

  —POの負荷が下がり、プロダクトの価値追求に時間を割ける

  —PO、開発者の信頼関係が強くなる

やってよかったこと4：（早く小さく）失敗してみる

- やったこと：
スプリントゴールを意図的に高く設定し、失敗を経験・体験するようにしました。
チームの状況にもよりますが、4スプリントに1回くらいの頻度で実施しました。

- 効果：
  - —失敗した場合の周囲の反応を体験できる
  - —（大抵の場合）失敗しても責められることはなく、失敗を恐れず挑戦する雰囲気が生まれる
  - —ふりかえりの議論が活性化する
  - —ステークホルダーがチームの状況により関心を持つようになる

- 実践のコツ
スプリントゴールが明らかに高すぎると、チームメンバーが最初から諦めてしまうので、ラインの見極めは経験を積んで慣れていきます。
また、失敗した時の振る舞いも重要です。ふりかえりでネガティブな雰囲気にならないようよい雰囲気を作り、前向きな議論が進められるようにします。

やってよかったこと5：エンドユーザーがサービスを使ってもらっているところを見る

- やったこと：
サービスイン後、実際にエンドユーザーがサービスを使っているところを関係者と見学し、プロダクトの価値向上のためのワークを行いました。
アジャイル開発を実践している現場でも、サービス利用している所を見ていない関係者は意外と多くおり、関係性を高めること以外にも、見学することによる学びはかなり多く得られます。

- 効果：
  - —ステークホルダーとチームの距離が縮まる
  - —プロダクトへの思いが強くなり関係者の一体感が生まれる

やってよかったこと6：メンバーが順番にイベントを欠席する

- やったこと：

  チームメンバーがあとからJoinした場合や、ベテランと若手など開発経験に差がある場合などは、チーム内に知識差が生まれてしまうケースがあります。この状態が続くと、質問する人／される人が固定化され、上下関係が生まれてしまいます。

  そこで、チームメンバー（特に有識者）がスクラムイベントを欠席することで、特定の個人がすべてを把握している状態を強制的になくし、お互いに質問しながら開発を進めるチームを作り上げることができます。

- 効果：

  —お互いに質問して開発を進めるように変化する

  —チームメンバー全員が自分の知識から意見を発信するようになる

  —欠席したメンバーに伝えることで会話の量が増える

- 実践のコツ

  チームが軌道に乗る前にやってしまうと混乱しか残らないので、チームの成熟度を見極めて実践します。

やってよかったこと7：毎スプリント小さな変化を入れる

- やったこと：

  変化のない環境でスプリントを進めていくと、安定はする一方で、マンネリ化しまうので、スプリントごとにチームに少しずつ変化を与えるようにしました。

- これまでやってみた内容

  —メンバーの入れ替え（スクラムマスター⇆開発者の入替、複数チームであればチーム間でスクラムマスターの入替）

  —スクラムマスターがスクラムイベントに参加しない

  —スクラムイベントにゲストを招く

- 効果：

　—変化に適応するためにメンバー間の会話が増える

　—変化に強い結束の取れたチームができあがる

5.3.3　チーム外（ステークホルダー）とのよい関係性の作り方

　プロダクトの成功には、チームを支える顧客やステークホルダーとの良好な関係が欠かせません。

　ステークホルダーとの関係性は会社や組織の状況による差異が大きいため、抽象的な表現になりますがご理解ください。

やってよかったこと8：ステークホルダーそれぞれの関心事を明確にする

- やったこと：

　ステークホルダーの関心事を一覧化し、可視化しました。

　ステークホルダーと一口に言っても、開発部門長、事業部門長、企画、セールス、カスタマーサポートなど多岐にわたります。それぞれがプロダクト、チームに対して異なる期待や関心を持っています。

　誰が何に興味を持っているのかを整理し、その関心内容に応じてチームから適切な関係性を築いていくことが重要です。例えば、図5.5のように一覧に整理します。

役割	担当者名	実務上の責務	関心ごと（責務）	関心ごと（個人）
事業部長	Aさん	売上・利益の達成	・売上・利益を伸ばしたい ・売上・利益の予実を知りたい	・アジャイル開発の進め方
開発部長	Bさん	アジャイルの社内拡大	・アジャイル開発を詳しく知りたい ・アジャイルマインドを広めたい	・スクラムチームの雰囲気
企画	Cさん	新規施策検討	・顧客の需要を把握したい ・既存顧客の分析をしたい	・特になし
営業	Dさん	契約の成立・継続	・契約時の業務を簡素化したい ・顧客の傾向を把握したい	・顧客体験 ・今度の開発による自業務への影響
Ops	Eさん	定常業務の遂行	・定常業務を簡素化したい ・業務を誰でもできるようにしたい	・今度の開発による自業務への影響
カスタマーサポート	Fさん	顧客問い合わせ対応	・顧客満足度を向上したい ・顧客の問い合わせを減らしたい	・顧客体験 ・今度の開発による自業務への影響

図5.5　ステークホルダーの関心整理

- 効果：
  　―ステークホルダーの関心事、責務が誰からも明確になる
  　―ステークホルダーとの効果的なコミュニケーションが可能になる

- 実践のコツ
  ステークホルダーや、各ステークホルダーの関心事は時間とともに変化します。同じ事業部門長というポジションであっても、人が変わると責務、関心事も変わってくるので、一度作って終わりではなく、定期的に見直すように心がけます。

やってよかったこと9：ステークホルダーとどのように関わるかを決定する

- やったこと：
  ステークホルダーの関心事を整理したあと、ステークホルダーとどう関わっていくかを決定します。
  図5.6がイベント参加のイメージです。

役割	担当者名	凡例：◎参加必須、○アジェンダにより必須（それ以外は参加不要）、―参加不要			
		スプリントレビュー	意思決定Mtg	課題確認Mtg	情報共有Mtg
事業部長	Aさん	○	◎	◎	―
開発部長	Bさん	―	◎	○	◎
企画	Cさん	○	―	○	―
営業	Dさん	○	―	○	―
Ops	Eさん	○		○	
カスタマーサポート	Fさん	○	―	○	―
PO	Gさん	◎	◎	◎	◎
スクラムマスター	Hさん	◎	○	○	◎
Dev	―	◎	―	―	―

図5.6　ステークホルダーの必要十分なイベントを設定する

スクラムを用いる場合、スクラムイベントに当てはめたくなるところですが、ステークホルダーの関心事を満たす適切なスクラムイベントがない場合は無理やり当てはめるよりも、別の場を設けたほうがよいです。
スプリントレビューの参加者はスプリントプランニングの時点で参加者を

決定し、ステークホルダーに伝えることで、早めに予定を確定させていました。

- 効果：
  —ステークホルダーにとって必要な情報だけを入手できる
  —関連するイベントのみの参加により、発言数が増加しプロダクト・チームへの関心が高まる
  —イベント参加率が向上する

- 実践のコツ：
  参加者に不足がないようにと考えると、どうしても多くの参加者を招いてしまいがちです。人数が多いと1人1人の発言機会も減ってしまうので、最初は最低限の参加者を招き、足りなかったら追加するようにすることがおすすめです。

  私の過去の失敗例として、スプリントレビューに多くの参加者を招きすぎた結果、役職が上位の方が多く話すことになり、ユーザーにより近い現場の方がフィードバックを出しにくくなる経験をしました。

  それ以降は初期はあえて参加者を絞ることで、より質の高いフィードバックをもらうようにしています。

やってよかったこと10：スタートダッシュを成功させる

- やったこと：
  スタートダッシュを成功させるには、結果を見せることが一番の近道です。ステークホルダーのなかにはアジャイル開発に懐疑的な方やネガティブな感情を持つ方もいます。開発がスタートし、早い段階から動くプロダクトを見せないと、「アジャイルっていっても早くないじゃん」と、ネガティブな印象が払拭されず、そこから関係性を作っていくのは非常に難しいものとなります。

  キックオフから最初の1ヵ月で、そこで動くプロダクトを見せられるかどうかがポイントかなと私は考えており、1ヵ月で動くプロダクトを見せられるようベストを尽くします。

- 効果：
  - ―ステークホルダーがチーム、プロダクトに対してポジティブな感情になる
  - ―上記の結果、チームの活動に協力的になり以降の開発がしやすくなる

- 実践のコツ：
  キックオフより前でもできることは進めておきます。キックオフ前にステークホルダーや開発者を雑談（おやつ神社[7]など）に連れ出し、そこで関係者同士の顔合わせや、どういった方針で進めて行くかなど、スタートダッシュを決める状態を作り上げていきます。

やってよかったこと11：スプリントレビューを好きになってもらう

- やったこと：
  スプリントレビューはプロダクトの検査と適応を行う場です。より質の高いフィードバックを得るために、まずはステークホルダーにスプリントレビューを好きになってもらうよう工夫をしました。

- 具体例：
  - ―ワクワクするシナリオの検討→ユーザーの実利用シーンに沿ったシナリオでレビューを実施
  - ―プロダクトに直接触れる状態にする→レビュー時にただ動作を見るだけはなく、直接プロダクトを触れる形式に
  - ―フィードバックがすぐに実装される経験→POと相談し、ステークホルダーからのフィードバックを優先的に提供する

- 効果：
  - ―ステークホルダーのチーム・プロダクトへの関心が高まる
  - ―レビュー時間以外でもプロダクトに対する気づきを共有するようになる

---

* 7）https://sites.google.com/a/scrumplop.org/published-patterns/product-organization-pattern-language/development-team/oyatsu-jinja
https://github.com/kenjihiranabe/agile-base-patterns/blob/master/012.Oyatsu-with-you.md

- 実践のコツ：

  私の過去の失敗談です。主催するチームから見てもあまり楽しくないスプリントレビューを続けていたらステークホルダーのなかでスプリントレビュー参加より他の打ち合わせを優先し、欠席することが増えてしまいました。

  なので、ステークホルダーにレビューに参加する価値がある、そもそも参加自体が楽しいと思ってもらえるよう、できる工夫をしていくことが大切です。

やってよかったこと12：うまくいってない状態を早期に曝け出す

- やったこと：

  「やってよかったこと10：スタートダッシュを成功させる」と反対の話になりますが、うまくいっていない状態も積極的に共有することで、ステークホルダーに味方になってもらい、関係性をよくすることができます。

  開発が順調にいってない場合、その事実を隠したくなる気持ちもわかりますが、逆に関係性を強めるチャンスと考え、積極的に開示します。スプリントゴールの未達や、リリースバーンダウンの芳しくない状況、チームが抱えている課題などの透明性を高めるだけでなく、それに対して議論する場を作り、チームと一緒に考えられる環境を作っていきます。

- 効果：

  ――一緒に解決策を考えるなかで、チームとの対話の機会が増える

  ――チームへの関心が高まる

- 実践のコツ：

  勇気を持って報告します！

  アジャイルは小さく失敗することで成功に近づくものです。あまり深刻にならずにポジティブな雰囲気で報告することで、受け取る側もポジティブな反応が返ります。

5.3.4　まとめ

　結果を出し続けられるチームを作るためには、チーム内／外、両方の関係の質をあげていく必要があります。

　今回、12のアイデアを紹介しましたが、みなさんのチームで実行している関係の質を向上させるためのアイデアについて情報交換させていただき、よりよいチーム作りにつなげていければいいなと思っております。

小糸　悠平（こいと　ゆうへい）
https://x.com/koito_yuhei

KDDIアジャイル開発センター株式会社でアプリやWebサイト開発のスクラムマスターをやりながら、社内スクラムコミュニティを運営し組織内にスクラムを広げる活動中。
モットーは、「自分と自分の周りの人が幸せでい続けられるように行動する」。

5.4
不安とうまく付き合う

アジャイルにはじめて取り組んだとき、期待していたような成果がすぐに出ず、焦りを感じたことはありませんか。プロジェクト序盤から問題が噴出し、むしろ進捗が遅く感じたことはないでしょうか。何より、周りから「アジャイルって速いんじゃなかったの？」などの批判を受け、チーム全体が意気消沈してしまったことはありませんでしたか。そして、なかなか改善する兆しが見られず、結局アジャイルの取り組み自体が終了してしまったことも……。

プロジェクトの最初からつまずき、目に見える成果にたどり着けないと、チーム全体が不安に襲われると思います。しかし、その不安が、実はアジャイルがうまくいっているサインだと考えるとどうでしょうか。

職場ではじめてアジャイルが導入されたとき、私も同僚もかなり苦戦をしました。うまくいっていなかった原因はさまざまでしたが、当時クライアントを含め、チーム全体を覆いがちだったネガティブな雰囲気をよく覚えています。それは「不安」、そしてそれが解消されないことによる「不満」でした。

アジャイルを学ぶための書籍や研修では、主に「何をするべきか」を知ることができます。しかし、チームとしてアジャイルのマインドセットを育み成長する過程で、誰もが体験しがちな「感情」についてはあまり触れられません。講習を受け、体系的な知識を得たチームですら実戦のなかで不安を感じるならば、アジャイルのことをあまり知らずにステークホルダー（利害関係者）になった人は、さらに大きな不安を感じるかもしれません。

アジャイル文化を根づかせる鍵は、人間同士のコミュニケーションや信頼関係です。そのため、誰かが感じている「不安」など、感情に向き合うことは大切な一歩となります。筆者は主に実践を通してアジャイルを学びました

が、本節ではデザイナーという立場から見えた景色と学び、そしてはじめて
アジャイルに取り組むチームが陥りがちな「不安」について考察します。

5.4.1　とあるチームのストーリー

　アジャイルを導入したばかりのプロダクトチームが、スプリントレビュー
をはじめる場面を思い浮かべてください。今回はスプリント2が終わったと
ころです。

　POが緊張した面持ちで、デモをはじめようとしています。スプリント1の
デモでは特に見せられるものがなく、気まずい雰囲気で終わってしまいまし
た。デザイナーと開発者も参加していますが、何か揉めているように小声で
会話を交わしています。部屋にステークホルダーが入ってきました。デモが
はじまります。

　まずは、今回のスプリントで取り組んだユーザーストーリーのデモです。
アプリを立ち上げるといくつかのカード型UIが表示されました。カードのな
かに表示されるメッセージはまだダミーのテキストで、見た目も簡素です。

　「これがデザインなの？」

　ビジネス部門から参加していたステークホルダーの1人がコメントをしま
した。

　「あ、いえ、まだデザインは反映されていません」

　慌てた様子でデザイナーが答えます。

　「デザインが仕上がってこないので、あと回しにして機能だけ先に作ってい
ます」

　開発者が続けました。ステークホルダーは少し不満そうな表情を見せてい
ます。

　「デモは以上です。デザインのほうから、次のストーリーのモックアップを
見せられますか？」

　POに聞かれ、デザイナーは少し焦った感じで返事をしました。

　「あ、はい……」

　静まり返った時間が流れます。デザイナーが、しどろもどろになりながら
デザインプロトタイプを見せはじめます。

　「まだラフなスケッチですが……。どうでしょう？」

「ボタンの位置をあと2ピクセル、上にあげたほうがいいんじゃない？」

デザインマネージャーがコメントします。

「あ、でもまだラフなので……」

結局、特に有意義なフィードバックもなく、予定していた時間より20分早く会は終了しました。あまり盛り上がることもなく、次第にデモから参加する人は減っていきます。

5.4.2　不安感に負けてしまうチームと周りの人たち

これは、私が関わった複数のプロジェクトで体験したスプリントレビューの様子を組み合わせたものです。デザイナーは、デザインに必要な時間が十分与えられていないと感じ、まだ自分のなかでも納得がいっていないものを見せ、それに対して否定的な意見がくることに不満でした。開発者は、デザインに時間がかかりすぎていると感じ、開発を進められないまま時間がすぎていくことに苛立ちを感じていました。POは、スプリント内で終わると踏んでいたストーリーが終わらず、焦りを感じ、デザインと開発者のすれちがいに気づいていませんでした。ステークホルダーは、アジャイルに「とにかくスピードがあがり、ものすごいプロダクトがパッと出てくるもの」という印象を持っていました。

何より、「アジャイルは正しいはず」という空気に、誰も「うまくいっていない」という声をあげられませんでした。結果思ったように開発は進まず、次第に自信をなくしたチームは、アジャイルはもうやめたほうがよいのではないかと思いはじめました。

しかし、本当はこのチームはよいスタートを切っていたはずです。

5.4.3　リスクを早く炙り出したほうがよいアジャイル

『アジャイルな見積りと計画づくり　価値あるソフトウェアを育てる概念と技法』（毎日コミュニケーションズ,2009）[8]という本のなかで、Mike Cohn

---

[8]　以下、『アジャイルな見積りと計画づくり』

氏は従来の計画方法が崩れがちな理由の1つに、「不確実性を無視している」ことをあげています。

> まず、私たちはプロダクトに関する不確実性を無視している。初期の要求分析において、完璧で漏れのないプロダクト仕様を策定できることを前提にしている。
>
> （中略）
>
> 　同様に、私たちはプロダクトを構築する方法に関する不確実性も無視している。どんな作業なのかはっきりわかっていないのに、たとえば「10日間」などと、高い精度で見積もれるという前提に立っているのだ。

　プロジェクトの初期段階におけるプロダクトの不確実性は、みなさん意識することが多いと思います。しかし、「プロダクトを構築する方法に関する不確実性」は、むしろ見て見ぬふりをしたくなる部分かもしれません。どのく

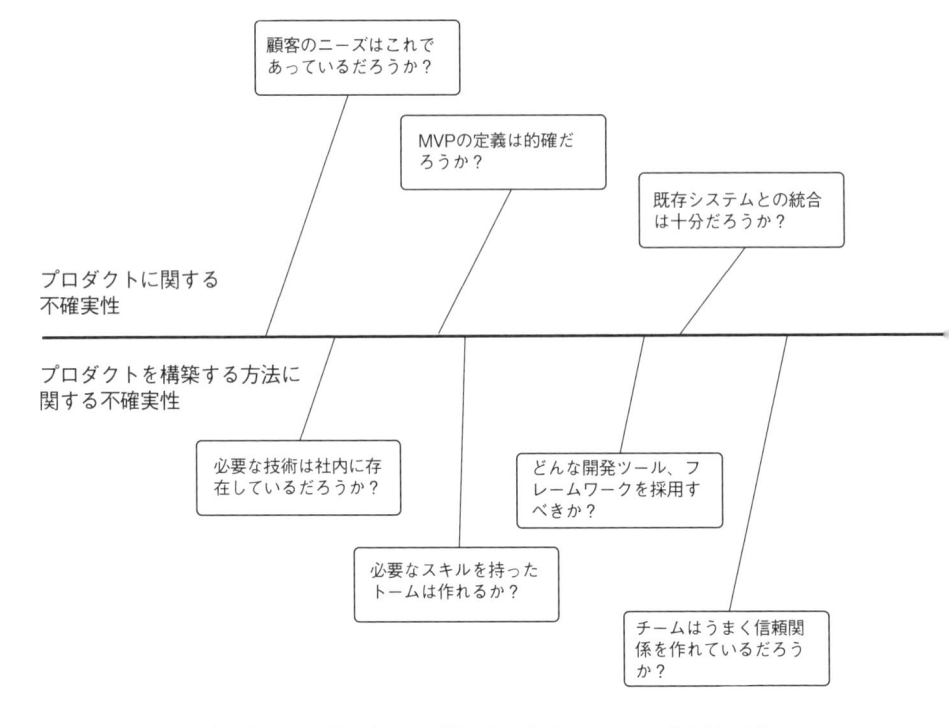

図5.7　プロダクトとプロダクトを構築する方法における不確実性の例

らいかかるか、どうアプローチするのか、まだ正確にはわかりませんと口に
出してしまうと、まるでチームの知識や専門性がたりていないように感じる
からです。

　しかし、プロダクトに不確実性があるということは、それを構築する方法
にも少なからず不確実性があるということです。

　また、プロダクト開発がチームスポーツであること、私たちが人間である
ということも、不確実性をあげる要素です。特に、新しくできたばかりのチー
ムでは、お互いのペースを掴むまでの試行錯誤も不確実性の要素になるで
しょう。

　逆に、アジャイルな計画づくりがうまくいくためには、この不確実性を受
け入れることが大切な第一歩となります。前出の『アジャイルな見積りと計
画づくり』では、最後の章で架空のチームが登場し、さまざまな課題に直面
しながら、計画を修正していく様子が描かれています。その様子を見ている
と、チームがプロダクトについてだけでなく、自分たちについても少しずつ

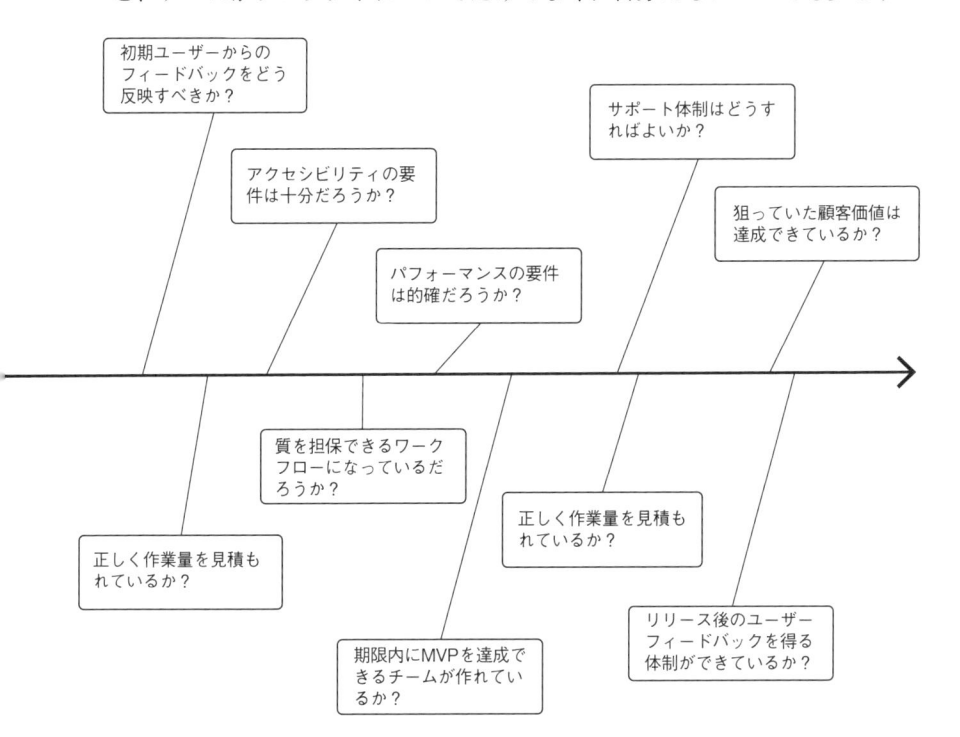

学び、チームワークの質をあげていく様子を見ることができます。

このチームのように、アジャイルでは早い段階で「プロダクト」と「プロダクト構築の方法」、両方に関して「うまくいっていないこと」を可視化させ、対処することでリスクを減らしていくことが大切です。しかし、実際には不確実性が多いなかで問題が噴出すると、人は不安になるものです。

5.4.4　「デザイン」がさらに不安を募らせる

デザインと開発の協業経験の有無によっても、不安度は変わります。今まで「デザイン仕様」を受け取ってから開発をはじめていた場合、真っ白な状態からデザインがはじまることに不安を感じる人は多いでしょう。

もちろん、リリース用の開発がはじまる前に「ディスカバリー」を行い、ある程度コンセプト作りをしているケースがあるかもしれません。しかし、おおまかな方向性が定まっていたとしても、デザインという作業は発散と収束を繰り返します。しかも一度ではなく、視点を変えながら何度もその過程を繰り返すことで、最終的なソリューションに落ち着きます。つまり、発散させている間は常に「何が正しいのかわからない」という状態が続くのです。

開発も模索、検討する時期があるとは思いますが、最短で最適解を目指すのではないでしょうか。相対的な差ではありますが、お互い、そのときどきのベクトルがちがうことが意識できていないと、次第に不満が出てきます。デザイナーは十分な時間がないと感じたまま開発者を待たせているプレッシャーに悩み、開発はなかなかソリューションが決まらないことに苛立ちを覚えます。

5.4.5　不安感とうまく付き合うには

こう聞くと、「ならばデザインと開発は別に作業したほうがよいのでは？」と思うかもしれません。しかし、その場合「技術的に実現できないデザインをしてしまう」「開発段階でデザインが改変され、もとの重要な意図が抜けてしまう」などのリスクをあと回しにすることになります。もちろん、プロジェクトに余裕があれば「出戻り」が起こり、デザイナーが修正することになり

ますが、最悪の場合、重要な要素が抜けたことに気づかず、そのままリリースされることになります。一見非効率に見えるデザインと開発が一体になったアジャイルは、長い目でみれば効率とプロダクトの質を両立する最適解です。

　鍵となるのは、いかに素早くプロダクトチームとして成長し、お互いのリズムを掴むか。はじめのうちに疑問点や不協和音を見ないフリをしてしまうと、あとあと自分たちに戻ってくることになります。つまり、不安になることが起こった場合、多少時間がかかったとしても、未来の自分たちを助けるつもりで対処するほうがよいのです。

　それでは、不安とうまく付き合いつつ、前に進むにはどうすればよいのでしょうか。すべての不安を取り除くのは難しいかもしれませんが、筆者が体験した過去の取り組みでうまくいった例をいくつかあげてみます。

フレームワークどおりにやっているのに、しっくりこないとき

　アジャイル初心者のチームにありがちなのが、研修で習ったプロセスをそのまま再現しようとし、理想どおりに進めず「失敗した」と思ってしまうことです。あくまで理論は理論であり、実践では予測どおりに行かないのは当たり前のことです。そのとき、チームが不安を口に出せずプロセスにしたがうことが強制されると、息苦しい時間が続くことになります。

　ふりかえりで「うまくいっていない」と口に出せる、心理的安全性が大切です。また、あがってきた声を「でもアジャイルってこういうものだから」と潰してしまわない、思考停止しないことも重要でしょう。アジャイルの原則から離れすぎてはいけませんが、習ったプロセスに固執するのではなく、自分たちに最適な方法を考えましょう。どこまで崩してよいのかわからないこともあるでしょうから、アジャイルコーチなどに参加してもらうのも有効です。

デザインがボトルネックに感じる場合

　デザインがボトルネックになる状況を防ぐために、いくつかできることがあります。

- ディスカバリープロジェクトから定期的に開発者が参加し、コンセプトのイメージを掴んだり、技術的な見解をインプットする

- 体験設計のビジョンになるもの（ストーリーボードなど）を誰でも、どこからでも見られるようにしておく
- ムードボード、UIのサンプルなどをラフに作っておき、なんとなくできあがりの雰囲気を掴んでおく
- デザインシステムやガイドラインを準備しておき、ユーザーストーリーの取り組みはじめから参照できるようにしておく
- 多少ドキュメンテーションが後回しになっても、コミュニケーションを取りお互いの理解を深めることを優先し、ドキュメンテーションは合意したことの記録程度にとどめる

密なコミュニケーションも重要です。デザイナーのなかで決まっていない要素はどこなのか、それはなぜか。開発者は先に作業できること、あと回しにしてもよいことなどを伝えると、デザイナーの作業も進みやすくなります。

チームの周りに不安感が漂う場合

チーム外のステークホルダーとの調整は難しいかも知れませんが、できることはあります。

- 「アジャイルとは？」「デザインとは？」といった勉強会を、社内ステークホルダー向けに開催する
- デモのなかでデザインモックアップを見せる時間をきちんと組み込む
- ある程度かたちになってからデモにステークホルダーを呼ぶ

ここでも鍵となるのはコミュニケーションです。自分たちが何を意図していて、どんなものを目指しているのか、なるべく具体的に見せられる何かを用意をしましょう。

5.4.6　おわりに

プロダクトチームのメンバー、また周りにいるステークホルダーもひとりひとり人間です。不安になることもあるし、アジャイルの本が示す型にはまりきらない部分も多いでしょう。口に出せない不安感、さらに不信感が積み

重なると、「プロダクトを構築する方法に関する不確実性」が増すことになります。

　「小さくはじめ、改善させながら積み重ねていく」ことは、チーム自体の成長にもいえることです。まだ取り組みはじめたばかりのチームが、フレームワークを試してみてもうまくいかなくて、不安に思うことは当たり前のことです。誰かが不安を感じていたら、それはチームがステップアップするチャンスです。その理由に注目して、どうしたら解消できそうか考えてみてください。

　不安が「チャンス」に見えはじめたとき、みなさんはアジャイルな組織として大きな一歩を踏み出した証拠です。

参考資料

　Mike Cohn（2009）『アジャイルな見積りと計画づくり 価値あるソフトウェアを育てる概念と技法』,毎日コミュニケーションズ
　Collin Lyons（2019）「Make Learn Change」[9]

---

[9]　https://ustwo.com/product-led-transformation/),ustwo ltd.

中村　麻由（なかむら　まゆ）
https://x.com/mayunak
https://mayunak.com

Tokyoでプリンシパルデザイナーをしています。イギリスに10年滞在し、ユーザー中心設計を学んだあと現在の会社のロンドン本社に入社しました。デザインと開発の距離をもっと縮めたいと考えています。

組織でアジャイルに取り組む

　僕はもう長いこと、受託開発の会社で、開発組織の組織職として働いていることになる。

　うちの会社には営業がいないので、仕事を取ってくるのも僕の仕事だ。仕事を取ってきたら、部下に担当してもらう。

　あらためて文章にしてみると、あまりにあっさりしていて虚しさすら覚えるけれど、存外、僕はこの日々を楽しんでいる。その秘密は、「アジャイル」にあるんだ。

アジャイルという制約

　アジャイルに関する仕事しかしない。

　これはね、もう「そうすることに決めちゃった」としかいいようがない。いろいろ理屈はつけられるのだけど、そういった建前とか建てつけとは別にして、僕はもうそういう仕事しかしないし、周りにもきっとそうにちがいないと思われている。周囲にそう考えてもらうまでにはずいぶん長い時間がかかったけど、一度そうなってしまえば、誰も僕に口を挟むことはなくなり、それどころかそういった仕事は最初に僕に回してくれるようになった。

　制約は、平凡な世界に刺激的な視点を提供し、一挙手一投足に、そうせざるを得ない理由を生む。結果として、僕という存在が、あるメッセージを周囲に受け取らせることになる。「あいつと関わると、好むと好まざるとにかかわらず、アジャイルとやらに向き合わざるを得なくなる」というわけだ。

　アジャイルな仕事がなかなかなくて、と嘯く組織職がいたとして、その人はつまるところ、「そうすること」にしていないだけなのだと思う。例えば、僕の最初のアジャイルな仕事は、誰に求められたものでもなく、自分で提案したものだった。

　アジャイルが向いていない、と誰かが考えている仕事があるとして、

僕が「アジャイルであること」をやめるかというと、そんなことは一切ない。自分を曲げてまで何かに取り組むほど、もったいない時間の使い方はないじゃないか。それがソフトウェア開発であり、世の中に何かの価値を生み出すことを狙っているのなら、それは十分に複雑（Complex）で、アジャイルな自分はしっかりきっちりお役に立てるはずだ、というのが「そうすることにした」僕の揺るがないスタンスなのだ。はっはっは。

しかし部下はそうじゃない

アジャイルであることは自分で決めたことだ。ただ、部下はそうじゃない。たまたま、すっとんきょうなことをいっては周囲と波風を立てる奴の下につくことになっただけだ。ご愁傷様です。

「別のところに行きたくなったらいつでもどこに行ってもよいのだよ」といってみたところで、僕たち日本人は相当な条件が揃わない限りブツブツモヤモヤグチグチしながらもそこに留まり、陰鬱な雰囲気作りに貢献しがちなわけだ。となると、組織職としてできることは、我々の「旅」がそこそこ趣に満ちていることを目指すしかない。

お互い「楽しい！」とか「やりがいがある」とか、そんな少年のような爽やかなことがいえる年でもない。でもまあ、老後にポツポツと思い出しては人に話して聞かせたり、公園のベンチでフッ、とニヤついたりするようなことを体験してもらいたい。

苛烈な戦場で組織職ができること

ふとふりかえったときに、なんらかのポジティブな記憶を呼び起こす仕事を体験してもらいたい、というのが偽らざる思いではあるのだが、僕の部署のメンバーとして、僕が取ってきた仕事を担当するということは、極めて困難な仕事に挑むことを意味している。

例えば、仕様が決まっていない、要求があいまい、日程感覚がずれている、顧客も課題も解決策もマーケットもフィットしてない、やり

たいことに対して金がたりない、そもそもどうしたら悩みが解決するのかわからない、とにかく助けてほしい、この難局を乗り越えるための方法がアジャイルと聞いてここに来ました、などなど、霊媒師も頭を抱えるような危険な案件ばかりだからだ。

　勝ち馬に乗るような仕事がない、ということは、案件として担当するほぼすべてのプロダクト／サービスが、奮闘虚しく市場価値や問題の解決策を生み出せずに消滅することを意味する。なんと、基本、負け戦前提なのだ！！

　不安に苛まれ、それ聞いちゃダメだろ、というような問いを投げかけ、利害関係者と衝突し、本気度合いのギャップに苛つき、かたちばかりの作業に反対し、無茶苦茶なスケジュールに意を唱え、KPIのない機能リリースロードマップを蹴り飛ばし、サポートへのクレームやネット上のバッシングに耐え、最後には人員削減や開発チームの解体を経て、サービス終了の屈辱に耐えながら少人数でのクロージング作業に従事する……そんな仕事したい奴なんているだろうか。

　そして、そんな過酷な現場に放り込まれる部下たちに対し、他人のサラリーマン人生にそれなりに大きな影響を与える仕事を選択した組織職にできることとは、一体、何だろうか。

誰よりも楽しむ

　目の前に広がるのが混沌とした戦場だとして、立ち尽くす部下たちの後ろから飛び出してきて「はいはい、盛り上がってますな！　大好物です！」と真っ先に手をあげて首を突っ込み、問題の構造を発見するたびに小躍りし、何をおもしろいと思っているのかを目をグルグルさせながらメンバーに話し、「絶対おもしろいから楽しんでおいで！」と送り出す。それが組織職の最初の仕事だと思っている。

　おもしろそうだからやってみようぜ、と口説いているふうには見えるが、実際には上司部下の関係だ。任命しているにすぎない。ただ、自分の熱意を相手に伝え、あわよくば相手の心に小さな火を灯したいのだ。

コンディションこそすべて

　残業という概念を、自分のなかから消そう。

　部下の最高のパフォーマンスは、ポジティブな精神から生まれる。そのためには睡眠だ。部下は定時で家に帰っても、睡眠時間を削って何かしているかもしれないが、それは彼らの自由であり、組織職が彼らの睡眠時間を削ってよい理由にはならない。

　労働基準法ギリギリで部下の稼働を見事に回した経験があるなら、当たり前だが残業なしでも余裕で回せる。それだけで、部下のパフォーマンスは飛躍的に向上する。

　ステークホルダーに残業してくれといわれても、断るとよい。「断れるか！」と思うかもしれないが、普通に断れる。断ろう。当然、そのようなことをいわれないように、事前にさまざまな手を打っておくのがスマートだ。しかし、覚えておいてほしい。残業して稼ぐ一瞬の進捗は、リフレッシュした状態でやる場合よりも品質が低く、次のスプリントどころか翌日あっという間に取り返せる程度のものだ。

　部下から「もっと働きたい」といわれることもある。そういうときは、その元気があるなら勉強して腕をあげて、同じ1時間で多くの成果をあげられるようになって、給与をあげるか、もっと給与をもらえるところに行けるようになれ、残業すると利益が下がるから君の評価も下がるぞ、と答えよう。

　新人なら1年、ベテランでも3年くらいそうしていたら、定時になるとスッとチャットからいなくなってくれる。たまに残ってる奴は、仲間ともうちょっとだけお喋りしたい勢だ。

仕事に学習を組み込む

　契約のなかに、この開発チームは業務を遂行するために必要な学習を行う、ということを織り込もう。といっても、当たり前だけど。仕事上でわからないことがあれば、学ばなければならない。ソフトウェア開発は、サービス開発は、価値の創出は、事業の創造は、すべて日々の学びの繰り返しだ。

　仕事中に学ぶ。「まあそうだよね」と思うかもしれない。でも、もう

一歩踏み込んで、部下に「就業時間中に積極的に勉強会やトレーニングをしよう。できれば毎日やろう。勉強会や研修や、カンファレンス参加や、社会貢献活動に費やす時間以外で、自分たちの計画をし、ステークホルダーとコミットし、ソフトウェアを作ろう」というとしたらどうだろう。最初、部下は戸惑うはずだ。

しかし、日々学び、学びを継続することを求めることで学びの習慣をつけてもらうことが、彼らを自信あふれるポジティブなエンジニア集団に変えていく。

目指すは、3〜4時間集中してプログラミングしたら、契約分の成果をあげるチームだ。あとは学びを深めたり、他者を助けたり、雑談しているのが理想だ。継続していけば、そのうち少々要領がよいくらいのエンジニアでは追いつけないレベルの実力とチームワークがあるチームになると信じてやっている。

まとめ

アジャイルな案件を受託するなら、覚悟を決めて困難を楽しみ、部下の最高のパフォーマンスを引き出すことに集中し、責任を引き受けて学習に投資しよう。

大丈夫、誰も死なないし、**責任は組織職が取ればよい**のだから。

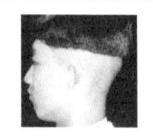

福田　朋紀
https://x.com/chinmo
リコーITソリューションズ株式会社のアジャイル推し。
Agile鳥取、JISAアジャイル開発グループ、CoderDojo鳥取チャンピオン。演劇企画夢ORES、TRPGのキャリアが一番長くて30年以上。

第6章

アジャイルの学び方

6.1 独学でアジャイルを学ぶ

6.1.1 独りで学ぶという選択肢

ここまで読み進めてきて、「アジャイルの実例はわかった、情熱もある。ただ、実践の場がなくて……」という方もいるかもしれません。

社内でアジャイルに関する研修の講師をしていると、同じような声をよく聞きます。「アジャイルで開発をやってみたいんです。だけど、今いるプロジェクト（あるいは部署、チーム）では既存の開発手法から変わらなさそうなんですよね」

これでは、アジャイルに習熟していくためのフィードバックループが回りません。同じように、もどかしさや機会のなさに嘆いている方は多いのではないでしょうか。

うーん、残念。でも、あきらめる必要はありません。独りで学びましょう。独りで「スクラム」をするのです。

あたりまえですが、独りだとチームで取り組むことはできません。なので、正確にはスクラムとはいえません。しかし、独りでできる範囲であれば、経験を積めます。学習が回ります。独りでスクラムをしても、アジャイルに関する経験値はあがるのです。

スクラムに関する本を読んだとき、あるいはカンファレンスで他社事例を聞いたとき、独学の効果はあらわれます。自身の経験を踏まえた解釈や理解ができるようになるのです。

筆者は日々、講師だけではなく、アジャイル開発チームの立ち上げの支援や、スクラムマスターとしての仕事もしています。成長していくチームメンバーを見ていて感じるのは、「アジャイルは体験してみないと、真の理解がで

きない」ということです。アジャイルソフトウェア開発の定義である「アジャイルソフトウェア開発宣言」に、具体的なやり方は示されていません。自分でうまいやり方を見つけていく必要があるのです。

独習アジャイルをしましょう。

6.1.2 独習アジャイルの進め方

ここから、独習アジャイルの具体的な進め方を紹介します。独習アジャイルでは、アジャイルを実践するためのフレームワークであるスクラムを採用しています。

スクラムに関する用語にはカッコをつけています。それぞれの用語の内容を知っているものとして解説しているため、もしわからない単語があれば「スクラムガイド」や初学者向けの本（『SCRUM BOOT CAMP THE BOOK[増補改訂版]スクラムチームではじめるアジャイル開発』（翔泳社、2020）や『アジャイル開発とスクラム 第2版 顧客・技術・経営をつなぐ協調的ソフトウェア開発マネジメント』（翔泳社,2021）がおすすめ）を参照してください。「スクラムガイド」は、インターネットで検索すれば、すぐにでてきます。

スクラムをするといっても、独りなのでそこまでかまえる必要はありません。誰かの承認も、上長への報告義務もありません。やることも簡単です。もしかすると、すでに仕事のやり方として身についている部分もあるかもしれません。ただ、そこに「スクラムをやっているんだ」という意識をのせていきましょう。

準備をする

まずは準備です。自分が持っているタスクをひたすら洗い出しましょう。これは仕事のことのみでもよいのですが、プライベートなタスクも含めると、よりスクラムの効果を実感できると思います。自分の頭のなかにあるすべてを外に出しましょう。目に見えるかたちにすることで、「透明性」があがり、自分の状況を認知しやすくなります。

注意点は1つ。すべてのタスクを1日以下の大きさにしましょう。それ以上の大きなタスクだと、日々の状況を「検査」（望ましくない変化や問題の検知）することができませんからね。

洗い出しに使うのは紙のノートでもよいですし、TrelloやMiro、NotionといったWebサービスを駆使してもよいです。あるいは、パソコン上のテキストファイルやExcelでもOK。自分の使いやすいツールを使いましょう。

タスクを洗い出せたら、それらを優先順に並び替えましょう。期日や重要度、タスクが生みだす価値、今後のリスクを基準として順番を入れ替えていくとよいでしょう。このリストが、「プロダクトバックログ」です。

特別な事情がない限り、1週間を一区切りとして「スプリント」を回していくのがわかりやすいです。例えば、月曜はじまり日曜終わりのような、くり返しやすいタイムボックスを設定しましょう。

「スプリント」をすごす

▶ 「スプリントプランニング」

さて、準備が整ったのなら、いよいよ独りスクラムのはじまりです。次の1週間でやることを「プロダクトバックログ」から取り出しましょう。もちろん、優先順位の高いタスクからです。

取り出すときには、1週間でギリギリ収まる量を見極めようとする気持ちが重要です。結果として過不足があったとしても、ギリギリを見積もるチャレンジを繰り返すうちに、自分が1週間でこなせる限界量がわかってきます。だんだんと、計画作りがうまくなっていきます。

次の1週間でやることを計画する。これが「スプリントプランニング」です。

▶ 「デイリースクラム」

「スプリントプランニング」で「スプリント」の計画を立てることができました。次は、タスクをこなしていきましょう。そして毎日、決まった時間に、計画どおりに進んでいるのかをチェックします。昨日は何をやったか、今日は何をやるか、何かリスクや問題はないか。

順調に進んでいるのなら問題ないですが、予定とずれてしまうこともあります。進捗が遅れている場合は、リカバリープランを考えます。タスク内容によってはチームメンバーに相談したり、誰かの助けを借りることもあるでしょう。

このように、日々状況を「検査」し、必要なら計画を立て直し、「適応」します。これが「デイリースクラム」です。個人的には、1日の計画を立てやすいので、朝に実施することをおすすめします。

6

アジャイルの学び方

▶「スプリントレビュー」

　そして、1週間のおわりに成果（作った資料やもの、ソフトウェア）をほかの人に見てもらいます。できればチームメンバーやマネージャーからコメントをもらいましょう。得られたフィードバックから新たなタスクを「プロダクトバックログ」に追加したり、全体的な「プロダクトバックログ」の方針を再検討します。人に見てもらうのが難しい場合は、自己評価でも問題ないです。その場合は、できるだけ客観的に確認するようにしましょう。

　これが「スプリントレビュー」です。

▶「スプリントレトロスペクティブ」

　最後に、1週間のふりかえりをします。うまくいったことと、いかなかったこと。それはなぜなのか。次の1週間をよりよくするためのアクションはなにか。KPT（よかったこと、困ったこと、次に試すこと）やYWT（やったこと、わかったこと、次にやること）といったふりかえりのフレームワークを使うのも手です。

　採用したアクションアイテムは、必要ならば「プロダクトバックログ」に追加しましょう。タスクではなく、自分に課すルールや心がまえであれば、壁やモニターに貼っておきましょう。

　これが「スプリントレトロスペクティブ」です。

▶ スプリントを繰り返し、進化／深化させる

　ふりかえりが終われば、新しい1週間のはじまりです。再び「スプリントプランニング」からはじめていきましょう。

　「スプリント」を繰り返していくと、タスクの増減や優先順位の変化が日々起こるはずです。「プロダクトバックログ」は常にアップデートし、最新の状況を反映しているリストにしましょう。

　スクラムの基本的な流れに加え、自分がやってみたいと思うアジャイルに関するプラクティスを試していくのも、もちろんOKです。例えば、テスト駆動開発をしたいのであれば、ローカルの開発環境だけで動くようなテストやCI環境を用意すれば、誰にも文句はいわれません。

　「スプリント」を重ねるにつれ、リズムよく仕事をする大切さがわかってきます。毎日、毎週計画を立てる。ふりかえりをする。学習のループが回る。

スクラムが機能するための三本柱である「透明性」「検査」「適応」が実感できるのです。

6.1.3　仕事の進め方

　ここまで、独習アジャイルの進め方について解説をしてきました。「なんだよ、そんなことか」と思う方もいるかもしれません。それもそのはず。筆者の考えでは、スクラム（そしてしばしば比較対象にあがるウォーターフォール開発）は、タスク管理の手法であるからです。

　タスク管理の本を読んでいると、アジャイルの文脈で書かれていてもおかしくない文章が出てきます。

> 　豊かではあるものの、変化の激しい現代においてゆとりをもって無理なく結果を出していくには、今までの考え方や仕事のやり方では歯が立たない。今までとはまったく違う新しい手法やテクニック、新しい習慣が求められているのだ。
> （『全面改訂版 はじめてのGTD ストレスフリーの整理術』（二見書房、2015）、33ページから引用）

> 　「1つのことに集中し、それが完了してから次に進む」これが成功の王道。
> （『仕事に追われない仕事術 マニャーナの法則』（ディスカヴァー・トゥエンティワン，2016）、71ページから引用）

> 　小さな失敗を重ねることで、何がうまくいくか、うまくいかないかを知ることができます。
> （『「やること地獄」を終わらせるタスク管理「超」入門』（星海社、2019）より）

　つまり、「仕事をうまくやりましょう」ということ。スクラムは仕事の進め方そのものなのです。

　独習アジャイルを進めていけば、アジャイルの重要な点はツールや技術だけではなく、仕事を進めるための考え方であることがわかるはずです。

6.1.4 アジャイルを説明できるようにもなる

最後に、独習アジャイルの重要なポイントをもうひとつ紹介します。それは「アジャイルを他者に説明できるようになる」です。

筆者が人生ではじめてスクラムをチームに導入できたきっかけは、実はこの独りで行うスクラムだったのです。独習アジャイルを通じ、アジャイルの進め方とメリットを理解していきました。そして、「アジャイルをやりたいという熱量」にプラスして、「スクラムで生産性があがった、働きやすくなった」という話をマネージャーに説きました。その説得の場で、「やってみよう」という返事をもらうことができました。

そのあとは、スクラムマスターとして、自身が学んできたこと（独習アジャイルや、それを通じて解像度があがった本やコミュニティの情報など）をチームに共有し、スクラムマスターとしての一歩を踏み出しました。さらに、そのスクラムチーム立ち上げの経験をもとに、全社にアジャイルを推進する組織を立ち上げることもできました。そして、今ではアジャイルコーチとしてさまざまな社内外のチームを支援しています。

独りで学べること、練習できることは多いです。スポーツであれば、座学はもちろん、筋トレや素振りが独習に該当するでしょう。アジャイルにおける筋トレや素振りが、独習アジャイルなのです。

アジャイルを学ぶ第一歩として、独習アジャイルという選択はいかがでしょうか。

渡部　啓太（わたなべ　けいた）

チーム設計師。チーム作りの専門家、アジャイルコーチ。
チーム作りを通じ、誰もが楽しく働ける社会を目指す。
ソフトウェア開発者としてキャリアをスタート。よりよい仕事の進め方を模索するなかでチーム作りの大切さに目覚め、スクラムの導入や全社的なアジャイル推進活動を経験し、現在はNRI（bit Labs）に所属。アジャイルの導入支援やコーチングを行っている。
チームの立ち上げや、軌道修正が得意。

6

アジャイルの学び方

6.2
本の探し方

6.2.1 はじめに

筆者はWF（Waterfall）の経験が長いため、はじめてアジャイルに触れたとき本探しに四苦八苦しました。

本節ではアジャイルをはじめたい、はじめた方向けに、筆者なりの本の探し方を共有できればと思います。

6.2.2 4つの本の探し方

試行錯誤の結果、筆者は次の4つのアンテナの張り方＝本の探し方にたどり着きました。

筆者はこのなかで2〜4を実行しました（1はURLだったり、英語論文だったりして難易度が高いものもあるため）。

1. 1冊目の巻末の関連本を読みあさる
2. コミュニティやイベントに参加する
3. Amazonなどの本の通販サイトで表示される「おすすめ本」を買いあさる
4. 1人の著者の本を徹底的に追う

1〜4の内容を順番に紹介します。

1：1冊目の巻末の関連本を読みあさる

1冊目に読んだ本の巻末にまとめられている関連本を読むことで、知識を既知の本をもとに水平方向へ広げていく方法です。

メリット　：1冊目から得た知識を補強できる

デメリット：たくさんの関連本のなかでどれが自分のレベルに合っている本
　　　　　　か判定が難しい
　　　　　　英語論文もある

2：コミュニティやイベントに参加する

コミュニティやイベントに参加して、LT（ライトニングトーク）などからおすすめの本の情報を得る手法で、まったく知らない別軸へ知識を広げることもできる方法です[*1]。

メリット　：話題になっている本がわかる
　　　　　　おすすめ本コーナーを持っているコミュニティもある

デメリット：自分のレベルに合っている本か判定が難しい（話している方は
　　　　　　バックボーンありきで話題に出しているため）

3：Amazonなどの本の通販サイトで表示される「おすすめ本」を買いあさる

Amazonなどでは、おすすめ本が表示されます。有名な本も紹介されるので、基礎的な知識の補強と知識を水平方向へ広げる方法です。

メリット　：幅広く関連知識を探ることができる

デメリット：本の取捨が難しい（気になる本をすべてカートに入れたあと、
　　　　　　請求額に震える）

[*1]　本来の趣旨であるコミュニティ・イベントもちゃんと楽しむこと。本を探すことに集中しすぎて話を忘れちゃうと悲しいですよ。

4：1人の著者の本を徹底的に追う

1人の著者をSNSなどで徹底的に追うことで、知識をある角度（著者）から垂直方向へ深堀る方法です。

メリット　：その著者への理解が深まる
　　　　　　その著者の出版予定がわかる
　　　　　　著作の出版社の出版本一覧を調べると、出版社ごとの特色がわかる場合があり、深堀りがはかどる

デメリット：著者の研究内容、実践内容に情報が偏る可能性がある

前述の4つが初心者でも可能な攻略ルートでした。個人的に実行した順番は3→2→4→1です。

まず、3で表示されるような界隈の「基礎的な本」を知っておいたほうがよいと考えました。それから2へ突撃し、ほかの方の意見をうかがい、自分の解釈を発言、質疑して理解を深めます。4は2〜3の間に「この著者のことをもっと知りたい。どういう方だ？」と思ったときに実行します。

一気に2、4が解決するのは「読書会イベントに参加」です。強制的に課題本を読み、イベントで意見・知見を共有、イベント後はAmazonなどで関連本を探しつつふりかえりになるので、とてもありがたいイベントです。

また、2、3は相乗効果で効果を発生します。イベントでタイトルをよく聞く本、Amazonなどでよく連動して表示される本は、「あ、またこの本だ。これは外せない本なのだな」とわかるようになります。

2のイベント参加にはもう1つ大きなメリットがあります。オンラインイベントでは「社内では使っていないツールに触れることができる」ため、新しいツールへの心理的ハードルが下がります*2。

例えばZoom、Slack、Google Meet、Discord、Miro、Mural、Notionなどのツールは、会社によっては使いません。しかし、イベントで使用すると確実に経験値があがります。「これはMiroならすぐできる」なら「社内でもMiro使えないか訊いてみようか」、「オンラインミーティングなら背景画像があっ

---

*2）セキュリティとコンプライアンスにはくれぐれも注意してください！

たほうがよい」なら「公式画像があるか確認してみよう。もしくは探そう」などとなります。コミュニケーションツールは、Zoomのブレイクアウトルーム、録画などに似た機能がある場合が多いので、ほぼチュートリアルなしで即日から機能使用可能になります。

6.2.3 読んだ本の情報を「本の地図」としてアウトプットする

本のマッピングやメモ書きは脳内の整理にもなるので、読書＝インプットだけではなく、「どんな本を読んだか」というアウトプットも大事です。アウトプットすると、読書の状況を可視化できます。基準軸を作って、書名を簡単にマッピングするだけでも役立ちますので、マップ――「本の地図」――を作ってみましょう。

「本の地図」のメリット
- 読書量が可視化できるので、モチベーションがあがる
- 本の内容を思い出すヒントになる
- 読書の傾向・偏りがわかるので、次に読む本のめどがつく

「本の地図」の作り方
1. 本をどう分類したいか考えて、基準軸を2つ作る
2. 書名を軸上に配置する際に「0地点」となる基準本を1冊決める
3. 基準本を参照しつつ、読んだ本を配置していく

ポイント
- 本の地図は自分の状況を可視化するためのものなので、基準軸、基準本は自分が使いやすいように設定する
- 基準軸は自由に決める

  例）X軸：難易度（「入門・上級」）、Y軸：内容（「抽象的・具体的」）

  例）X軸：内容（「企画・開発」）、Y軸：内容（「教科書・実践」）

  例）X軸：読み込みの深さ（「読むだけでよい・説明までできる」）、Y軸：情報共有対象（「チームメンバー・部署全体」）

　基準本は書名をマッピングする際の目安なので、よく知られている本や自分が内容を理解できた本にすると内容を比較しやすいです。

　また、「本の地図」で本の内容の粗いイメージを第三者と共有することもできます。例えば、第三者に本をすすめるとき（「基準の本や基準軸からおすすめはこの本」）や、自分が第三者におすすめの本を聞くとき（「地図上でまだ空白の部分に当てはまりそうな本」）などです。

　ご参考まで、自家製の本の地図の例が図6.1です。

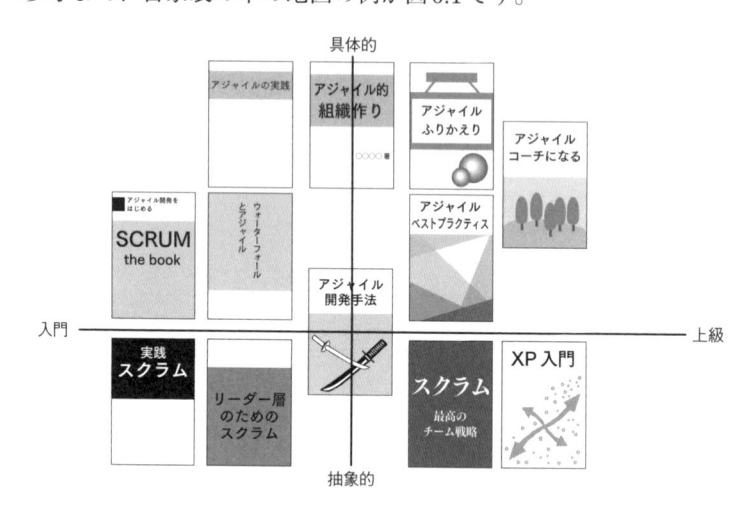

図6.1　マップの例

6.2.4　まとめ

以上、「本の探し方」について書いてみました。

本節があなたが素敵な本、参考になる本に出会うお役に立てば幸いです。

 nakai

ある日アジャイルと出会い、化石なエンジニア→人類を目指して進化をはじめました。
スクラムマスターをやりつつ、アジャイル本の地図を作ったり、技術力Upのため、QAへ挑戦したりしています。

6.3
コミュニティの探し方

あなたが所属しているコミュニティはありますか。

どうやって探す？ 人見知りなんだけどどうしたらいいの？ 何を話したらいいの？

たいていは杞憂です。まずは飛び込んでみましょう。

本節では、コミュニティの探し方、日ごろの立ちふるまいについて述べています。

本書はアジャイルに関する本ですが、本節で書いてあることは、アジャイルのコミュニティだけの話ではありません。とはいえ、本書の読者は、アジャイルに興味がある方でしょう。まずは、本節にあるようなアジャイル系のイベントやコミュニティに参加してみることをおすすめします。

6.3.1 コミュニティに参加する

参加するといっても、SlackやDiscordといったオンラインスペースに登録し、会話を眺めたり、コメントしたり、スタンプを押したりするだけです。参加するためには、招待リンクをクリックしたり、登録メールを送るくらいのもので、お金もたいていの場合かかりません。勉強会やカンファレンスで参加者コミュニティのことを知ることも多いです。イベントの案内ページに招待リンクが貼ってあったり、すでにそのコミュニティに参加している人から招待リンクを教えてもらったりすることで参加できます。

会話への参加、コメントも義務ではありません。アクティブな人より、やり取りを読んでいるだけな人、なんなら見てすらいない人のほうが多いくらいでしょう。イベントで一度参加したっきりの人も少なくありません。

コミュニティに入るメリット

コミュニティに所属することでいくつもメリットがあります。

わかりやすいメリットとしては次のようなものがあります。

- ほかの人とのつながりができる
- 単純に楽しい
- 次の／類似のイベントの情報が手に入る
- 雑談だって楽しい
- 相談ごともできる
- 次のイベントで会える
- リアルの友人になることも……

ある（共通の）トピックスに興味を持つ人が集まる場所というのは、とても貴重です。バックグラウンドが近しいということですから、共通の話題で盛り上がることも頻繁にあります。あるあるネタで盛り上がる。今困っていることを相談する。相談してみるだけで気が楽になることもありますし、隣の人が同じ経験、さらには解決策を持っているかもしれません。ちょっとしたことを利害関係なく相談できるのが、コミュニティスペースの大きなメリットです。

また、オフラインの勉強会、カンファレンスに参加すれば、コミュニティのSlackでつながった人と出会えるかもしれません。「いつもSlackでお世話になってますー」といった感じで、会話のとっかかりにもなります。そして、そこから新しいイベントやつながりが生まれてくることもあります。

デメリットはあるか？

デメリットはないでしょうか。

コミュニティはたいていの場合、参加の度合い（読む、書き込む、反応する）は任意です。すべての投稿に目を通す必要もありませんし、都度反応する必要もありません。そして、加入も脱退も任意です。「なんかあわないなー」と思ったら抜ければよいのです。

四六時中コミュニティのSlackをチェックするとか、入り浸るようになってしまうと、むしろ依存症的な意味で黄色信号を気にしたほうがよいかもし

れません。居心地がよいので、つい入り浸ってしまうのはとってもよくわかるところですが……。そういう意味では、コミュニティに関わることで、時間がどんどんなくなっていくのは困った点です。おもしろいオンライン／オフラインイベントがある。おもしろい本が紹介されてた。雑談に盛り上がった。ああ……時間がどんどんなくなってしまいます。困った……。

少し活動に疲れたら、しばらくROM（Read only member：読んでるだけの人）だけ、あるいはしばらく離れてみるとよいでしょう。繰り返しますが参加、コメントは義務ではありません。離れているときは投稿を読む必要もありません。離れること（あるいは戻ること）を公言する[3]必要もありません。

ゆるくつながれるというのは、技術／オンラインコミュニティの大きなメリットです。

どうやって探す?

▶ イベントに参加する

一番手っ取り早い参加のしかたは、勉強会やカンファレンスに参加することです。最近のカンファレンスや勉強会はたいていの場合、オンライン開催（併催）です。2019年までのようにオンサイト（オフライン）開催ばかりではありません。その結果、日本中どこでも参加できますし、あるいはリアルタイムで参加する[4]必要すらありません

主催コミュニティのベース基地となるSlackやDiscordがあるときは、カンファレンスの参加者へ誘導がなされます。すでにたくさんの人がいるでしょう。雑談チャンネルやイベントのチャンネルで盛り上がっているとよいですね。ここに入ることで、自動的にコミュニティに参加できます。もちろん入ったからといって、そこにどこまで関わるかは任意です。ROMでも、雑談だけでも、あるいは運営に関わっていくのでも、自由です。

▶ 人づてに探す

今いるコミュニティに参加している人、あるいはフォローしている人が参加しているコミュニティを探してみましょう。なんなら、直接聞いてみるのが手っ取り早いでしょう。よさそうなところを紹介してもらえるかもしれま

---

[3] コミュニティのボード（運営）に関わっているようになっているならば、ほかの運営メンバーに「疲れたからしばらく休む」くらいは伝えるとよいでしょうが、普通のメンバーならそれすら必要ありません。

[4] もちろんリアルタイムで参加するメリットもたくさんあります。登壇者にZoomやX（旧Twitter）などで直接質問を投げかける、（オンライン）懇親会で会話する、X（旧Twitter）実況をする、などなど。

せん。さらに、その先で別のコミュニティに出会えるかもしれません。

　気軽に入ってみて、「ちょっとちがうかも？」と思ったら抜けても、放置してもよいのです。

▶ SNSのハッシュタグで探す

　前述の2つにもつながるところはありますが、イベントや関係者のつぶやきのなかからハッシュタグを拾ってみるという方法もあります。カンファレンスなどのイベントには、たいてい公式のハッシュタグがついています。また、それに参加している人もハッシュタグをつけて実況していることがあります。そのハッシュタグを追うことで、関連するイベントや人の情報が手に入るでしょう。

6.3.2　コミュニティを作る

　入りたいコミュニティがなかったら、いっそ作ってしまいましょう。

　無料のSlackまたはDiscordなどに適当な名称でチームを作り、そこを拠点に活動をはじめるという手があります。幸い、Slackも最初は無料です。無料だと3ヵ月以内や1万ポストまでといった制約はありますが、1万までいくにはけっこうな時間がかかります。Discordは無料ですし、メンバーの権限付与などの制御がSlackよりやりやすい面があります。ほかのプラットフォームでも、大きな問題にはならないでしょう。

　いずれにせよ、**コミュニティがない場合には、新しく作る**という選択肢があります。

　ベース基地があるということが重要で、集まれる場所があると、人が集まってきたり、会話がはじまったりします。最初は人が少なくてあまり楽しくないかもしれませんが……。

　また、このときコミュニティの位置づけを明確にしておくことで参加しやすくなる面があります。Not for Meと思われても参加者は増えませんが、何をやっているところかわからないというのも参加をためらう要因になります。

　例えば、「IT技術者（全員ウェルカム）」というコミュニティを作ろうとしたと考えましょう。あなたはそこに参加しようと思いますか。「IT技術者っ

てなんだろう」「自分が合致するだろうか？」「実は全然ちがう感じだったらどうしよう」と思いませんか。

　それよりも、「Web系フロントの初心者」といったように、ある程度限定されていたほうが入りやすくなります。これらはあくまで例ですが、ある程度具体的な参加者を想定するほうがよいでしょう。ペルソナを設定すると言い換えてもよいかもしれません。ターゲットを明確にすることで、検索の精度も向上します。すでにコミュニティがあるかもしれません。

　おっと、すでにコミュニティがあるから新しい類似のコミュニティを作ってはいけないという意味ではありません。同じ内容に見えても、別のコミュニティは別のコミュニティです。別物なので、参加者も異なり、雰囲気も異なります。気軽に作ってみて、うまくいかなければ閉鎖／放置すればよいのです。繰り返しになりますが、最初は無料ではじめられます。

6.3.3　コミュニティの居心地をよくする

　居心地のよいコミュニティにはだんだん人が集まってきます。少しずつ人が増えてくると、いつもいる人が出てきて、ゆるく雑談していたり、イベントの相談をしていたりといった雰囲気になります。今困っている問題を相談した（半分愚痴った）ところ、アドバイスがもらえたり、口にすることで整理されて自己解決したり、そういった経験はありませんか。

　居心地のよいコミュニティは活動も盛んです。逆かもしれませんね。活動が盛んなところは、みんながGentleなので居心地がよいのかもしれません。

雑談する

　誰かがいて、適当に反応が返ってくると嬉しいですよね。同じコミュニティにいるということは、少なからず興味やバックグラウンドが近しいということ。共通の話題もありますね。

　ちょっとした雑談であっても、会話が弾んでいるということは、それだけコミュニティの活発さの指標になります。すべての雑談に絡む必要はもちろんありませんが、おもしろいと思ったら反応しましょう。スタンプをつけるだけでもOKです。自分の投稿にスタンプがついたということは、読んで明確な反応をしてくれた人がいるということで、ちょっと嬉しくなります。

　雑談ですから、ちょっとしたことでもOKです。人がいて反応をしてくれるというだけで嬉しくなり、さらに活発になります。もしあなたが主催者であれば、ぜひ（疲れない程度に）反応をしてあげてください。はじめて参加するような人にとっては、最初の投稿は案外ハードルの高いもの。そして投稿しようかどうしようか、関係ないって怒られないかしら、無視されたらどうしよう、など不安に思っている場合もあるでしょう。そういったときにやさしく反応してあげられるとよいですね。

　SlackやDiscordによって、非同期のコミュニケーションが成立しやすくなりました。電話ほどリアルタイムでなく、メールほど宛先が明確ではなく、ゆるく返事したりスタンプ押したり、気が向いたときに返事をしたりできます。

質問する

　質問を投げてみるのも、コミュニティの活性化に役立ちます。情報漏洩にならないよう、個人情報を含まないようにといった留意点はありますが、今困ってることなどを雑談チャンネルなどに投げてみると、思わぬところから反応があったりします。よいアイデアが出てくることもあります。「あるあるー」で共感が得られるかもしれません。自身の課題の言語化、内省といったメリットもありますが、人に話してみるだけで絡まっていたことが解きほぐされることもありますね。

　そうでなくても、会話が増えることそれ自体がコミュニティの力になります。「いつでも、ちょっとした質問でも投げていいんだ」という雰囲気が醸成できれば優勝です。

アンチハラスメントポリシーを定める

　コミュニティが大きくなってくると、一定の確率でトラブルが生じる可能性が出てきます。そういうときのために、アンチハラスメントポリシーを定めておきましょう。行動規範という言い方をする場合もあります。

　ごくごく簡単にいえば、他者に敬意を持ち、攻撃的な言動やさまざまなハラスメントはやめましょうという当たり前の宣言です。さまざまな勉強会やカンファレンスに表示されることが増えました。内容としては当たり前ですし、アンチハラスメントポリシーがなくとも、たいていの場合特に問題は生じません。関係者、参加者のほとんどはそういったトラブルを起こすような

人ではありません。

　セクハラやパワハラ、その他のハラスメント、攻撃的な言動が横行するようなコミュニティに参加したいと思う人はいませんよね。

　しかし、アンチハラスメントポリシーがあったからといって、トラブルが起こらないというものでもありません。残念なことですが。

　それでも、アンチハラスメントポリシーにて禁止事項を謳っておくことで、そういう行動をする人（たち）に対して、警告や排除といった対処を取りやすくなります。また、被害者にとっても「行動規範に違反する行為に遭遇した場合に通報していいのだ」、見かけたという人にとっても「通報していいのだ」、と思ってもらう効果もあります。

　アンチハラスメントポリシー／行動規範は自分で作ってもよいですが、ほかのコミュニティの行動規範を参考にするのもよいでしょう。

　例えば、筆者も運営に関わっているイベント／コミュニティである「技術書同人誌博覧会」では、行動規範を公開しています。

https://esa-pages.io/p/sharing/13039/posts/13/4c6fe5c0f58bb4fb32cd.html

　こちらを参考にしてみてください。

6.3.4　コミュニティに飛び込もう

　コミュニティに参加する意義、そして作ってみることについて述べました。コミュニティに参加して得られるものもあります。単純に「楽しい！」という点だけでも、参加する価値はあります。ベース基地を見つけに行きましょう！

おやかた
https://x.com/oyakata2438

サークル名：親方Project
大規模プラント向け計測センサの開発を本業としつつ、エンジニアの困ったこと、知りたいことをテーマについて技術同人誌を企画・編集してます。コミケ、技術書同人誌博覧会（技書博）、技術書典などのイベントに参加。またいくつかのカンファレンスにもスタッフとして参画中。楽しいことに首を突っ込みたい。

6.4
アジャイルイベントまとめ

6.4.1 各地のアジャイル関連イベント

　現在アジャイルに関連するさまざまなイベントが日本中で開催されています。

　コロナ禍の状況下ではオフライン開催が難しい情勢にありましたが、新しいオンラインカンファレンスが生まれ続けており、変化のなかで新しい機会を生み出しているのも、アジャイルな人たちの特長だと感じます。

　2023年以降はオンライン・オフラインをあわせ持つハイブリッド開催が多くみられるようになったり、セッション動画がオンラインで公開されるケースも増えてきており、学びの手段や共有される文化に変化が現れています。

　表6.1に、20年前から続いているものからこれから誕生予定のものまで、カンファレンスの名称と公式ページへのリンクを並べてみました。知っているものがいくつあるか確認してみたり、イベントの雰囲気を見たり、次回イベントの情報を確認したりと、これからの参考に活用してみてください。

表6.1　イベント紹介

イベント名	初回開催	一言紹介
XP祭り	2002	日本のレジェンドさんたちもニューカマーもわいわいするお祭り。いろんな人が集結していてとっても賑やか！ プロポーザルの登竜門のような存在でもあるとか。 http://xpjug.com/
Agile Japan	2009	「アジャイルソフトウェア開発宣言」を翻訳した平鍋健児氏を中心に立ち上げられた、おそらく国内はじめてのアジャイルカンファレンス。歴代実行委員の方々が築いてきたからこそ今がある、伝統に支えられながら変化を続けている。 https://agilejapan.jp/
Regional Scrum Gathering Tokyo	2011	日本のスクラムの熱量を牽引し続けるカンファレンス。ここで登壇するために、1年間何を積み重ねていくのかを考えている人が多く、チケットやスポンサー枠の完売の早さも風物詩となっている。 https://www.scrumgatheringtokyo.org/
Innovation Sprint	2011	「スクラム」の生みの親である野中郁次郎氏と育ての親ともいえるJeff Sutherland氏が集まった伝説のイベント。グローバルやイノベーションがキーワードとなっていた。 http://innovationsprint.com/
DevOpsDays Tokyo	2012	世界中で開催されているDevOpsDaysの日本リージョン。桜の描かれた素敵なロゴは海外からもスピーカーに来てほしいという想いからで、毎年4月に開催されている。 https://www.devopsdaystokyo.org/
Scrum Interaction	2019	Scrum Inc. Japan主催のカンファレンス。2019年はスクラムの父、Dr. Jeff Sutherland 、そして、スクラムの祖父、野中郁次郎氏らを招いて開催。他社とのコラボレーションなど、かたちを変えながら継続中。
Agile Tech EXPO	2020	パンデミックにより対面で集まりたくても集まれなくなってしまった我々にオンラインで集まる機会を切り拓くべく発足し、始動。学生も社会人も国籍もないカンファレンスを目指し日々活動中。 https://agiletechexpo.com/
ふりかえりカンファレンス	2021	ふりかえり実践者たちが集う、学びの多いカンファレンス。録画を見るだけでも参加する価値があるかも。ふりカエルがかわいい！ https://www.facebook.com/hurikaerijissenkai/
アジャイル経営カンファレンス	2022	ビジネスアジリティを高めてスピーディな経営判断を実現する「アジャイル経営」という考え方を実現・推進するマネジメント層向けのイベント。 https://agile-keiei-conf.jp/
Lean Conference Japan	2022	「日本"式"の理想的経営を考える」トヨタ生産方式から生まれ世界中に影響を与えているLeanを日本からどう向き合っていくかを考える場として誕生した。 https://lean-conference.com/

6.4.2 スクラムフェス一覧2024

年々増加しているスクラムフェス（通称スクフェス）を表6.2にまとめて
みました。

各地域で縁のあるメンバーを中心に企画されており、それぞれに特色のあ
る運営にも注目です。

表6.2 スクラムフェス紹介

イベント名	初回開催	一言紹介
Scrum Fest Osaka	2019	Regional Scrum Gathering Tokyoから生まれたスクフェス第1号。2年目からはオンラインで全国の地域コミュニティを巻き込みながらかたちを変え、2025からはまた新しい運営メンバーではじまるとのこと。 https://www.scrumosaka.org/
Scrum Fest Mikawa	2020	スクフェス第2号。初回から現地会場 × オンラインのハイブリッド開催で賑わう。参加者さんもスポンサーさんも製造業が多いのが特徴。 https://www.scrumfestmikawa.org/
Scrum Fest Sapporo	2020	歴史と伝統のあるアジャイル札幌が主催で、暖かい雰囲気が大好き。お手製のお土産ボックスが最高に美味しい体験を提供してくれて、北海道に思いを馳せてしまう。2023年から舞台は後述のニセコへ。 https://www.scrumfestsapporo.org/
Scrum Fest Niigata	2022	オーガナイザーさんの愛と情熱のおもてなしが現地参加者を歓喜の渦に。テスト・QAさんの色が濃ゆい。 https://www.scrumfestniigata.org/
Scrum Fest Sendai	2022	サメのようなマスコットキャラクターが誕生！シャーやサメといった語尾が伝染する参加者が続出。東北のアジャイルの入り口に。 https://www.scrumfestsendai.org/
Scrum Fest Fukuoka	2023	スクフェスが遂に九州に上陸。 https://www.scrumfestfukuoka.org/
Scrum Fest Okinawa	2022	キーノートもプロポーザルもないスクラムフェス。普段試せないアイデアを仲間たちと。 https://www.scrumfestokinawa.org/
Scrum Fest Kanagawa	2023	初回は渋谷で開催されたスクフェス神奈川。速やかに立ち上がり、2024は2回開催。型にとらわれない柔軟な運営が新しい可能性を開拓中。 https://www.scrumfestkanagawa.org/
Scrum Fest Niseko	2023	アジャイル札幌が新しい挑戦。夏のニセコは素敵な体験が待っている。 https://www.scrumfestsapporo.org/
Scrum Fest Kanazawa	2024	ずっとアジャイルと向き合ってきた金沢でついにスクフェスが誕生。復興支援の一助の目的も含まれたかたちで開催された。 https://www.scrumfestkanazawa.org/

6.4.3　よいカンファレンスに出会うということ

「よい」の定義はさまざまですが、筆者自身がよいと感じたカンファレンスは、さまざまな出会いがありました。

例えば、サーバントリーダーシップという言葉にはじめて出会ったのも、日本にいたら絶対に会えないような海外のスピーカーの話を聞けたのも、社内で悩んでいることを相談できる社外の仲間と出会えたのも、一緒にカンファレンスを運営してくれる・したいと思える仲間と出会えたのも、新しい職場を見つけたのも、すべてカンファレンスをきっかけとして起こった出会いでした。

よい出会いは、必ず自分の人生を変えてくれました。ひとつひとつの出会いがなければ、まちがいなく今の自分はいませんでした。本書に携わることができたのも、コミュニティからの出会いのおかげでした。

同じカンファレンスに通うと、1年越しの再会に感動することもしばしば。お互いがお互いの場所で取り組んできたことを持ち寄って、また新しい元気や勇気をもらえるのもカンファレンスの魅力です。

6.4.4 ほかにもイベントはたくさん

カンファレンス以外にも、さまざまなイベントやコミュニティなどもあります。

はじめはみんな知り合いがいない状態からスタートですが、その一歩を知っている人たちだからこそ、暖かく歓迎してくれる人たちがそこにはいます。

情報は各イベントのプラットフォームやX（旧Twitter）アカウントなどをフォローするのがおすすめです。

ステキなイベント、コミュニティ、そして人との出会いに巡り合えますように！

J.K
https://x.com/project_J_K

Agile Tech EXPO Organizer／Agile Japan実行委員
アジャイルで日本から世界を楽しく！ アジャイルコーチや組織開発に従事。カンファレンス運営などを通じ、Agileが楽しく広まることを夢見て日々活動中。

スクラムマスターの
資格の選び方

　仕事や技術コミュニティの活動をしているなかで、スクラムマスターの資格について質問をもらうことがあります。例えば、「認定スクラムマスターという同じ名前の資格があるけれど、どの資格を取得すればよいのか？」「研修を実施している会社が複数あるけれども、選び方がわからない」といった内容です。

　本節では、複数あるスクラムマスターの資格に関する詳細、および筆者の考える資格と研修の選び方についてお伝えします。

6.5.1　そもそもスクラムマスターに資格は必要？

　スクラムマスターになるために資格は必要ありません。医師のような業務独占資格、キャリアコンサルタントのような名称独占資格ではありません。そのため、ソフトウェア開発を含め、ものごとをスクラムで進めていこうと決め、スクラムマスターを担当することになれば、その日からスクラムマスターを名乗ることになります。

　しかし、スクラムマスターを担当することになっても、スクラム初心者の場合であれば、初日からスクラムマスターの責任を果たすことは難しいです。スクラムとは何か、スクラムマスターとは何かを理解したうえで、スクラムチームやステークホルダーに対して、スクラムマスターの責任を果たす必要があります。

　スクラムやスクラムマスターを理解するための方法として、「スクラムガイド」や関連する技術書を読む、会社内や技術コミュニティなどにいる先輩スクラムマスターやアジャイルコーチに相談する、カンファレンスに参加する

などがあります。そして、数ある方法のなかで1つの有用な方法として、「スクラムマスターの研修を受け資格を取得する」があります。

6.5.2　スクラムマスターの資格について

2024年9月現在、スクラムマスターの資格は大きく3つあります。それぞれ提供する団体・企業が異なるため、日本語で「認定スクラムマスター」と表現されていても、別の資格です。

- Scrum Allianceが提供する認定スクラムマスター（Certified Scrum Master ／ CSM）
- Scrum Inc. が提供する認定スクラムマスター（Registered Scrum Master ／ RSM）
- Scrum.orgが提供する Professional Scrum Master ／ PSM

認定スクラムマスター（Certified ScrumMaster／CSM）

日本において「認定スクラムマスター」の資格で真っ先に想像するのが、Scrum Allianceの提供するCertified ScrumMaster（以下、CSM）です。2日間から4日間の研修を受け、その後テストに合格することで、資格を得ることができます。

2024年9月時点で、日本で研修を実施している企業は次の5社です。研修日程はScrum AllianceのWebサイト[5]、もしくは各社のWebサイトから確認できます。

- アギレルゴコンサルティング株式会社
- アジャイルビジネスインスティテュート株式会社
- 株式会社アトラクタ
- 株式会社 Odd-e Japan
- TIS 株式会社

---

[5]　https://www.scrumalliance.org

　研修を受けたあと、講師からテストを受ける資格があると認められると、テストに関する案内が送られてきます。テストはオンラインで実施され、テストに合格すると資格を得ることができます。

　資格取得のための費用は、20万円から30万円程度です。

認定スクラムマスター（Registered Scrum Master／RSM）

　日本語では同じ「認定スクラムマスター」ではありますが、Registered Scrum Master（以下、RSM）はScrum Inc.が提供する資格です。2022年8月にLicensed Scrum MasterからRegistered Scrum Masterに名称が変更されました。

　2日間の研修を受け、その後テストに合格することで、資格を得ることができます。

　2024年9月時点で、日本で研修を実施している企業は次の3社です。研修日程は各社のWebサイトから確認できます。

- Scrum Inc. Japan株式会社
- 株式会社永和システムマネジメント
- LSA CONSULTiNG株式会社

　資格取得のための費用は、20万円程度です。

Professional Scrum Master／PSM

　Professional Scrum Master（以下、PSM）は、Scrum.orgが提供する資格です。PSMは、IからIIIまでの段階が設定されており、Iが基礎コースになっています。CSMやRSMと異なり、研修への参加が必須ではなく、テストに合格するのみで、資格を得ることができます。

　また、日本語への対応がほかの2資格と比較すると遅れており、テストは英語のみです。ただし、テストはオンラインで実施されており、ブラウザ上のGoogle翻訳拡張機能を使用することが推奨されています。そのため、英語に不安がある方でも問題ありません。

　テストを受けるための研修は不要ではありますが、Professional Scrum

Master Iへの試験料込の研修が実施されています。

　2024年9月時点で、日本で研修を実施している企業は、次の2社です。研修日程は、Scrum.orgのWebサイト*6、もしくは各社のWebサイトから確認できます。

- 株式会社ITプレナーズジャパン・アジアパシフィック
- サーバントワークス株式会社

　資格取得のための費用は、テストのみであれば2万円程度です。研修を受ける場合は、20万円程度です。

6.5.3　資格の選び方

　資格が3つあり、それぞれの差について解説をしました。そのなかで、どの資格を選択するべきかということになります。しかし、「資格そのものに差はない」と筆者は考えています。むしろ、どの講師の研修を受けたかが大事だと考えています。同じ資格であっても、講師によって研修内容が大きく異なります。研修を受ける時点で、経験に多少の差はあれど、アジャイル開発やスクラムにすでに触れた状態だと思います。その状態で、どの研修が自分にとってよいかを考えることが重要です。

　研修の選び方は次の4つの軸があると、筆者は考えています。

- 講師の考えや理念で選ぶ
- 講師の得意分野で選ぶ
- 日本語で講師と対話できるかで選ぶ
- 研修方式で選ぶ

講師の考えや理念で選ぶ

　研修を担当する講師は、書籍の執筆・翻訳に携わっている、カンファレン

---

*6）https://www.scrum.org/

スで発表している場合があります。そのため、書籍や発表で感銘を受け、講師の考えや理念を深く知りたいという場合があると考えています。

研修に参加するのはあなた自身なので、その講師の研修を受けたいという気持ちが非常に大事です。

例えば、『SCRUMMASTER THE BOOK 優れたスクラムマスターになるための極意——メタスキル、学習、心理、リーダーシップ』（翔泳社,2020）のZuzana Sochova氏、『組織パターン チームの成長によりアジャイルソフトウェア開発の変革を促す』（翔泳社,2013）のJames O. Coplien氏、『SCRUM BOOT CAMP THE BOOK【増補改訂版】スクラムチームではじめるアジャイル開発』（翔泳社,2020）の吉羽龍太郎氏、『これだけ！ KPT』（すばる舎,2013）の天野勝氏のように、書籍を執筆されている講師もいます。彼、彼女らの書籍を読んで、すでに仕事で生かしている場合に、おすすめの選び方です。

研修を受ける前に、講師について知るためカンファレンスに参加し、コミュニケーションを取ってみることも、研修をよりよくする事前準備になるでしょう。日本では、Regional Scrum Gathering Tokyo、日本各地で開催されるスクラムフェス、アジャイルジャパンなどのカンファレンスがあり、参加してみるとよいでしょう。

講師の得意分野で選ぶ

講師はスクラムマスターの研修をできるだけの、全般的なスキルを当然持っています。しかし、それでも講師それぞれが得意とする分野があります。ソフトウェア開発に関することが得意分野の方もいれば、プロダクトマネージメントを得意とする方もいます。研修に参加するあなた自身や、関わっているチーム・組織の課題にあわせて講師を選ぶことで、研修の体験がよりよくなると思います。

例えば、アジャイルビジネスインスティテュート株式会社のJoe Justice氏は、テスラやトヨタ自動車でアジャイル開発を支援し、自身でも自動車を製造する会社を起業しています。自動車に関することをスクラムで取り組んでいらっしゃる方には、より深い学びを研修で得られると思います。LSA CONSULTiNG株式会社の松永広明氏は、エンベデッド（組み込み開発）領域や非IT領域へのアジャイル開発の経験があります。ソフトウェア開発とは離れた分野でスクラムを実践される方にとっては、適切な相談先となるで

しょう。スクラムについて通常よりも深く知りたい場合には、スクラムをパターンランゲージ形式で記述した書籍『A Scrum Book The Spirit of the Game』（Pragmatic Bookshelf,2019）の著者陣の1人である原田騎郎氏がおすすめです。いくつかのチームや組織でスクラムマスターを経験された方は、過去にうまくいった事象について、高度な言語化を体験できると思います。

日本語で講師と対話できるかで選ぶ

講師が英語話者の場合、通訳の方を通して研修内容を理解することになります。通訳の方もアジャイルコーチをされているなど、スクラムに精通している方が多いのですが、どうしてもワンクッション挟んでしまうことになります。せっかく研修に時間を使うのであれば、母国語である日本語で研修を受け、質疑応答を多くしたいという考え方も自然なものです。

講師とのコミュニケーションの質と量を追求したいという場合は、日本語で研修をする講師を選ぶとよいです。

研修方式で選ぶ

コロナ禍以前は、会議室で実施されるオンサイト研修が一般的でした。研修の多くが東京で実施されており、残念ながら地方で開催される研修の数は少なかったです。

しかし、コロナ禍以降オンライン研修が主流になりました。そのため、現在ではオンラインとオンサイトの研修を受講者が選択できるようになっています。

現在、研修方式は大きく3つあります。

- 通常のオンサイト研修
- 合宿型のオンサイト研修
- オンライン研修

通常のオンサイト研修

通常のオンサイト研修は、コロナ禍以前からある伝統的なスタイルです。研修が実施される会議室に参加者が集まり、講義を受けたり、ワークショップに取り組みます。実施されるオンサイト研修の多くがこのパターンに当てはまります。

アジャイルの学び方

6

　オンサイト研修かオンライン研修のどちらかで迷った場合には、筆者は基本的にオンサイト研修をおすすめしています。オンサイト研修では、研修の間にあるランチや休憩の時間も講師やほかの受講者とすごすために、直接的な研修の時間以外でも接点を持つことができます。そのため、講師にオンライン研修よりも簡単にたくさんの質問ができたり、受講者同士で感想を共有したりすることで、研修の内容への理解を深めることができます。また、各日の研修が終わったあと、講師も参加する飲み会が深夜まで開かれることもあります。そういった研修以外の時間を多くすごすことで、その先も友人として交流を持ち、スクラムについてより学べる環境につながります。

合宿型のオンサイト研修

　合宿型のオンサイト研修はホテルなどの施設で研修を受けるスタイルで、日本では近年生まれました。現在、合宿型のオンサイト研修を実施しているのは、株式会社アトラクタ、株式会社永和システムマネジメントの2社です。

　合宿型のオンサイト研修は、研修が行われるすべての時間を講師や受講者とすごすため、会議室で行われる通常型のオンサイト研修よりもさらに濃密な時間をすごすことができます。普段の仕事場と隔離された環境だからこそ取れるコミュニケーションが活発に行われ、より深い学びにつながります。

オンライン研修

　オンライン研修はコロナ禍に生まれたスタイルで、現在も多くの会社が実施しています。オンライン研修は、研修時間と休憩時間が明確に分かれており、資格取得という観点では一番コストパフォーマンスがよいです。研修中に講師への質問時間は十分にあるため、資格取得に向けた学習という観点では不足はありません。

　受講者同士でのコミュニケーションは、あくまでワークショップなど研修の一環のなかで行われることが中心です。もちろん、受講者同士が活発に研修時間外でもSNSなどを通してコミュニケーションを取っている場合もありますが、オンサイト研修と比較すると少ないです。受講者同士での仲を深めたい方にとっては、オンライン研修はものたりなく感じることがあるでしょう。

　オンサイト研修にはないオンライン研修のメリットは、言語の壁を乗り越えることができれば、世界中の研修にアクセスできることです。日本語での

研修を必須としないのであれば、本節で記載している日本の会社以外にも調べてみるとよいでしょう。CSMであれば、Scrum AllianceのWebサイトから、世界中のオンライン研修を調べることが可能です。

ほかの選び方について

　研修は、原則として平日に実施されます。しかしどうしても仕事の都合で、土日に研修を受けたい方もいらっしゃると思います。アジャイルビジネスインスティテュート株式会社では、土日に研修を実施している場合があります。日程の柔軟性を優先したい場合は、アジャイルビジネスインスティテュート株式会社の研修日程を調べてみるとよいでしょう。

6.5.4　おわりに

　本節では、スクラムマスターの資格の詳細と、資格と研修の選び方について紹介しました。特に、2日間から4日間と長い時間をすごす研修をどのように有効活用するとよいかという観点で、研修の選び方を紹介しました。「講師の考えや理念で選ぶ」、「講師の得意分野で選ぶ」、「日本語で講師と対話できるかで選ぶ」、「研修方式で選ぶ」のいずれの選び方もよい方法だと考えていますし、複数の観点をかけあわせてよりよい解を選ぶことも可能だと思います。

　今後スクラムマスターの資格を取得したいと考えている方の参考になれば幸いです。

増田　謙太郎（ますだ　けんたろう）
https://x.com/scrummasudar
https://scrummasudar.com
https://scrummasudar.hatenablog.com

フリーランス（屋号：SCRUMMASUDAR）のスクラムマスター。スクラム道関西運営メンバー。アジャイルラジオメインパーソナリティ。
2014年、セキュリティソフトウェア企業でアジャイル開発に出会い、2015年からスクラムマスターを担当。2021年、フリーランスとなり、ゲーム業界にてスクラムマスターとしてLeSSに取り組んでいる。

アジャイルの学び方

6

アジャイルを勉強したあとの
キャリアの5つのロールモデル

はじめに

　アジャイルについて興味がある方々が本書を読まれると思います。ここでは、「アジャイルを勉強した先にどんな未来があるのか」が気になる方向けに解説します。筆者の考えを整理するために書いた文章ですが、ぜひ読者の方にも、アジャイルを学んだあとにどんなキャリアを築けるかを考えてもらいたいと思います。

キャリアの5つのロールモデルを考えることになったきっかけ

　筆者は「Chikirinの日記」*1というブログのファンで、この方の記事「キャリア形成における「5つのロールモデル」メソッド」*2を参考にしました。この記事では、具体的にエンジニアの5つのロールモデルが示されており、自分のキャリアというものに無自覚でいた筆者に考えるきっかけをくれました。以下、記事を引用します。

> 　私はエンジニアの人に、キャリアのロールモデルを5つぐらい提示して選んでもらったらいいんじゃないかと思ってるんです。

> 　たとえば、第一の道として、「この分野に関してはコイツの右に出る奴はいない」みたいなオタクエンジニアになる道。狭く深い知識で生きていくことになるから社内での出世は難しいけれど、ノーベル賞を取るぐらい

＊1）https://chikirin.hatenablog.com/about
＊2）https://chikirin.hatenablog.com/entry/20120512

の勢いで頑張る人なら挑戦していい道だよ、と。

　2つめに、そこまで高い技術力はもっていないけれど、トレンドにあわせて売れる商品を器用に開発していくという売れっ子エンジニアの道。

　3つめは、エンジニアとしては「まぁ、ちょっとね」という人でも、マーケティングや営業をやらせると、技術のバックボーンを活かして他の営業マンとはひと味違う営業をやります、という道。

　（中略）

　「俺は5つのうち、どれに向いているエンジニアかな？」と考えながら必要な勉強を積んでいくことは、エンジニアのためにも、会社のためにもなりませんか？

　ぜひ、みなさんにも前述の記事を読んでもらいたいと思います。筆者がこれを最初に読んだのは、システムエンジニアとしての自分のキャリアについて迷っていたときでした。

　当時、子どもがまだ小さく、これまでセンスがないなりに長時間使って進めてきた開発の仕事も時短勤務になり、うまく回らなくなりました。同じ時短勤務でも、時間の使い方の工夫や高い技術で効率的に進めている方もいるなかで、このままではいけないと焦ってばかりでした。

　そんなときにこの記事に出会い、別のキャリアもあり得るのかと気づき、方向転換を考えはじめました。時間はかかりましたが、最終的に社内の開発セクションから別のセクションへの異動希望を出し、異動先でアジャイル開発を知りました。アジャイルの考え方に感銘を受け、勉強しながら社内のアジャイル推進を行い、なんとかキャリアを重ねていくことができました。

　このような経緯があったことから、「アジャイル開発という、より狭い範囲でのキャリアのロールモデルを整理するのはおもしろいのでは」と考えました。

アジャイルに関係するキャリアの５つのロールモデル

では、アジャイルに関わるキャリアには、どんなロールモデルがあるのでしょうか。

アジャイルは、狭義にはソフトウェア開発手法の1つであり、アジャイルを勉強したからにはアジャイル開発における開発者を目指すのがすぐに思い浮かぶモデルかもしれません。しかし、周囲のアジャイルに関わる方々を見ていると、決して道はそれだけではありません。アジャイルを手持ちの札に加えることで、確実にキャリアの幅が広がると感じています。

ちきりんさんの例にならって、アジャイルに関係する５つのロールモデルをあげていこうと思います。

▶ 1. アジャイル開発チームのなかで輝くスーパー開発者

主にスクラムチームにおける開発者をイメージしていますが、開発チームの一員として、常に改善を心がけ、技術的負債やプロダクトのビジネスの価値についてプロダクトオーナーと対等な議論ができる、「世界を変える」ことのできる開発者です[3]。

ユーザー企業、SIer、フリーのどこでも積めるキャリアです。スーパー開発者になりたいと思ったら、まず毎日新しい情報に触れるよう習慣化することが必要だと、身近にいるスーパー開発者を見て思います。スーパー開発者は、毎日新しい情報に触れ、試し、よいと思ったら取り入れています。毎日の積み重ねが開発者を遠いところへ連れて行くのだと、いつも感じています。

次に、技術はもちろんのことプロダクトへの理解を深めて、プロダクトの価値向上について考えることが重要です。プロダクトオーナーやステークホルダーに技術面での提案をするときに、プロダクトが何をどのように提供できるようになるのか、それによってプロダクトのユーザーの世界はどう変わるのかを説明できる開発者は、スクラムチーム全体にとても頼りにされています。

---

[3] 「アウトプットは必要なものだが、本当に大事な要素は他にある。（中略）新しくできるようになったことは何かといったものは、成果の尺度にはならない。尺度は、それを作った結果、人々がそれぞれの目的を達するために実際にやり方を変えていたり、何よりも大切なことだが、あなたが彼らの生活をより良いものに変えられたかだ。大切なのはそれだ。あなたは世界を変えたのだ。あなたは、人々が目的を達する方法を変えてしまうものを投入した。それを使うと、世界は人々にとって違うものになる。」（『ユーザーストーリーマッピング』（オライリージャパン,2015）、11～12ページから引用）

▶ 2. スーパースクラムマスター／アジャイルコーチ

アジャイルの深い知識も技術力も持ちつつ、チームを俯瞰して、チームを軌道に乗せるスクラムマスターです。スキル・経験を積み上げた人は、コーチとしてさまざまなチームを指導します。スクラムマスター研修などの講師も、その先にあるキャリアです。こちらもユーザー企業、SIer、フリーのどこでも積めるキャリアです。

注意点として、スクラムマスターとしてやっていくには、組織がスクラムマスターという役割を理解している必要があります。従来のプロジェクトマネージャーと混同して、開発者の上司がスクラムマスターを担当することで、開発者が遠慮し、自由に意見交換ができずにいるケースが散見されます。

ただし、熟練のスクラムマスターがいる場合、組織全体にスクラムマスターとは何かを説明し、仲間を増やしながら、組織にあわせた方法で理解を得ていくことができます。素晴らしいスクラムマスター／アジャイルコーチの方々を見ていると、必要なのは観察力、組織全体やチームに対して少しずつ変化をうながせる根気と、失敗を恐れず軌道修正していく勇気だと感じます。

▶ 3. プロダクトを世に出すプロダクトオーナー

プロダクトビジョンを考え、チームメンバーに説明し、開発内容に責任を持つ人です。ビジネスセンスとプロダクトへの情熱があり、技術にも理解があると鬼に金棒、社内のステークホルダーに話を通せる一定の政治力が必要です。

主にユーザー企業で積むキャリアです。これまではあまり一般的ではなかったかもしれませんが、エンジニアの転職先として視野に入れてみてはいかがでしょうか。エンジニア出身のプロダクトオーナー2名と会ったことがありますが、開発にもプロダクトにも詳しく、組織内でも頼りにされ、活躍されていました。

▶ 4. アジャイルのFWを使って社内のDX推進を行う変革者／コンサルタント

アジャイルはみなさんもご存じのとおり、ソフトウェア開発だけではなく、社内変革にも使われはじめています。

人事・予算・開発方法を従来とはちがったやり方で進めていくために、従来のやり方の把握・分析、社内の根回し、各種企画、目玉となるプロダクト開発の立ち上げなどが必要です。コンサルタントとして他社の変革をサポー

トするという道もあります。別のロールで一定のキャリアを積んでから、ユーザー企業、SIerなどで変革を担当します。筆者が目指しているのもこのキャリアです。

▶ 5. アジャイルをそれぞれの職種で生かしてキャリアアップする

最後はアジャイルの考え方、工夫を取り入れてそれぞれの職種で生かす道です。人事・育成で、WF開発のプロマネとして、営業として、事務員として……。アジャイルはさまざまな道で生かせます。

まず小さく試し結果を見て改善していく、立場がちがう関係者を巻き込みチームとして成果を出していくなど、アジャイルの考え方を取り入れることで、これまでとはちがった手応えを感じて仕事をしていけるはずです。

最後に

アジャイルを勉強したあとのキャリアの5つのロールモデル、いかがでしたでしょうか。筆者が考えたもの以外にも、おそらくいろいろな道があるのではと思います。ぜひ、みなさんも自分が目指したいロールモデルについて考えてみてください。

佐竹　朱衣子（さたけ　あいこ）

株式会社三菱UFJ銀行システム企画部所属（系列IT会社である三菱UFJインフォメーションテクノロジー株式会社より出向）。行内・グループ各社に向けてのアジャイル研修の講師やアジャイル案件への支援などを担当。CSM（Certified Scrum Master）を保有。

おわりに

　たくさんの実践知たちはいかがでしたか。アジャイルのやり方はわからないままかもしれませんが、やってみたいことはたくさん生まれてきたことかと思いますし、1人1人のアイデアもほかでは読めないものばかりだったと思います。

　そして、あなたのなかに芽生えた勇気やさまざまな気づき、想いは、ほかのものには変えられません。自分や周りにとってよいと思えたことは、ぜひ行動してみて、相手の反応やフィードバックを得て、次にどんなことをするのかふりかえりながら日々カイゼンを積み重ねて、人生をアジャイルにしていきましょう。

　私のアジャイルとの出会いは、2000年を過ぎた頃、製造業で製品開発を行っているときでした。

　リリースするたびに、お客様からは「思っていたものとちがう」といわれてしまったり、営業部長から「自分だったらこれは欲しくないけどね」といわれてしまったりするような現場にずっと疑問を抱いていたところにアジャイルと出会い、気づけばどんどんのめり込んでいきました。学んだり実践したりする過程では大変なことばかりで、「アジャイルは手法であり目的ではない」「J.Kはみんなの時間を奪ってばかりいる」など、たくさんの辛い言葉とも出会いました。

　それでもアジャイルの価値に可能性を感じて、信じて向き合い続けていた結果、アジャイルを通じてたくさんの人たちと出会うことができました。たくさんの人たちとたくさんの話をして、「それでJ.Kはどうしたいの？」と一見突き放されるようですが、私に対して期待をしてくださるからこその言葉をあちこちからいただいたりして、私の生き方が変わっていきました。周りの反応も変わっていくのがとてもわかりました。

　私は今こうして、ありがたいことに自分の大好きなアジャイルをたくさんの方に広める活動を続けることができております。職種・年齢や性別などによらず、出会った人たちが今よりちょっとアジャイルが好きになってくれたら、日本は世界はきっと楽しくなっていくことを私は信じております。

　このような機会を与えてくださったおやかたさん、ご関心いただいた技術評論社の中山さん、Agile Tech EXPOのみなさん（節タイトルにいた子は

Agile Tech EXPOのゆるキャラ「あじゃてくん」です！あじゃてくんかわいい！）、コミュニティでつながってくださって今のJ.Kを形成してくださったたくさんの方々。言葉にするのがとても難しいのですが、心から感謝しております。ありがとうございました。

　次はみなさんのお話を聞かせてください！

　またどこかのイベントで、カンファレンスで、コミュニティでお会いしましょう。

2024年12月

J.K ことコサカジュンキ

　本書を手に取っていただきありがとうございます。

　企画および編集を担当しました、おやかた@親方Projectです。普段は技術同人誌の企画や編集をメインに活動しています。

　あるとき Agile Tech EXPO のイベントに参加し、アジャイルについての話をいくつも聞き、その中でたくさんの人が楽しみ、苦しみ、悩んでいることを知りました。それぞれの経験を本というかたちで整理して集合知とし、さらにそれをアジャイルのイベント以外にも届けられないか、ということで、本書のもとになった同人誌は作られました。そしてその後、技術評論社さんからお声がかかり、アジャイルの原則と価値に焦点を当て、さらにそれにつながるような体験として整理・再構成して本書ができました。

　アジャイルのプラクティスをなぞりつつもなんだか世間で聞くほどうまくいかない……といった悩みをお持ちの方、本書を読んでみてどうだったでしょうか？ ある方は、プラクティスではなくマインドを見直すきっかけになったかもしれません。ある方は、なるほどみんな同じように悩んでいるんだと連帯感を持ったかもしれません。

　本書は即効薬ではないかもしれませんが、何かのきっかけとなり、今後のカイゼンにつながれば幸いです。

2024年12月

おやかた@親方Project

　本書のカバーと見出しのタイトルに登場した、Agile Tech EXPO（あじゃてく）のゆるキャラ「あじゃてくん」。その誕生秘話と、本書の前身となった企画について、最後に少しだけご紹介します。

　Agile Tech EXPOは、社会をちょっとよくするテクノロジーを学び、ちょっと先の未来の話をするコミュニティ。どんな方でも学び、いつでも交流できる場を目指しています。

　あじゃてくんの耳には「Agile」の「A」のかたちがデザインされています。また、体を囲む輪っかは、未来をイメージして描かれたものです。デザインを手がけてくださったのは、IT漫画家の湊川あいさん。漫画を通じて技術をわかりやすく伝える姿勢に感銘を受け、Agile Tech EXPOのカンファレンスでご登壇いただいたのがはじまりでした。イメージを口頭で伝えただけなのに、瞬く間に愛されるキャラを生み出す湊川さんの筆さばきは、まるで魔法のよう。最初にラフ画を見せてもらったとき、感動で胸がいっぱいになったのを今でも鮮明に覚えています。

　本書の前身となった同人誌『ぼくのアジャイル100本ノック』の表紙も、あじゃてくんでした。Agile Tech EXPOの有志で100個以上の事例をまとめた技術書同人誌です。本書にそのすべてを収めることは叶いませんでしたが、分厚い「鈍器」と呼ばれたあの一冊があったからこそ、今回の濃縮された内容が生まれました。2021年の年末にnoteを執筆し、たくさんの方にお声がけした日々が懐かしく感じられます。あのとき執筆にご協力いただいたみなさんには、改めて感謝の気持ちを伝えたいです。

　人が集まるコミュニティの力って、本当にすごいものです。まだコミュニティに参加したことがない方も、ぜひ本書をきっかけに一歩踏み出してみてください。

2024年12月
Agile Tech EXPO Organizer
あやなる

あやなる／チャンドラー彩奈
Agile Japan EXPO 代表理事、学びの場コーディネーター。
カンファレンスやコミュニティを多数運営。
エンジニアとともに作るエンジニアの学びの場作りに日々取り組んでいる。

アジャイル類語辞典

アジャイルを知り始めると、見たことがありそうで実は知らない用語とたくさん遭遇しませんか？
ついつい既存の知識に当てはめて解釈しようとしてしまうのですが、新しい概念の新しい用語は、
先入観を持たずにそのままのかたちで学習することで理解を深めることができます。
ここではスクラムにおける用語を中心に、類語それぞれの意味と留意点を簡単にまとめてみました。みなさんのアジャイルの理解にぜひ役立ててみてください。

用語	類語1	類語2	
アウトプット	アウトカム	–	
イテレーション（反復）	スプリント	タイムボックス	
完成の定義	受入基準・受入条件 （AC：Acceptance Criteria）	–	
自己組織化	自己管理	–	
スクラムマスター	プロジェクトマネージャー	サーバントリーダー	
スプリントバックログ	プロダクトバックログ	バックログ	

説明
アウトプットは、チームの作成物のひとつ。アウトカムは、アウトプットが生み出す価値／成果。アウトプットは投資（スクラムチームにおける人・モノ・カネなど）の結果でアウトカムを得られる状態にすることが、プロダクトオーナーの責任に含まれている（アジャイルソフトウェア開発宣言の「シンプルさが本質です」に該当）。スクラムにおけるインクリメントは、アウトカムが最大化するようにプロダクトオーナーが優先順位とWhat（何を作るのか）を明確にし、リファインメントやスプリントゴールの設定を通じてWhy（なぜ必要なのか、なぜ顧客に届けるのか）をスクラムチーム全員の共通認識を醸成する。
開発の単位となる区切り。イテレーションはエクストリームプログラミングなどに登場する用語でもある一方で、アジャイル開発に限らず、スパイラルモデルなど反復期間を設ける手法でも使用される。 スプリントはスクラムのみで使用される用語で、活動中は期間を一定に固定することから、スクラムにおける「心臓の鼓動」と表現されている。最長は1ヵ月で、1週間程度のことが多い。 各イベントなどに設けられている最長時間をタイムボックスというため、スプリントは固定期間長のタイムボックスなどと表現されることもあるが、会議の最長時間などにもタイムボックスは適用されるため、スプリントやイテレーションとは意味が異なる用語である（デザインスプリントは、スクラムのスプリントに近しい要素を持つ手法が存在するが、似て非なるものである）。 https://ps.nikkei.com/bookreview/2017080101.html https://www.oreilly.co.jp/books/9784873117805/
完成の定義はスクラムチームにおける「完成」のための約束事で、原則としてすべてのプロダクトバックログアイテムに適用される品質基準となる。複数のチームで行う場合はチーム間で共通のもので、組織の標準がある場合はそれを各チームで踏襲できる状態にすることで、品質のバラつきを抑制する効果が得られる。チームごとの「当たり前」をチーム外に見える化しながら成長させていく定義となることから、筆者は「チームのプライド」と表現することがある。 受入基準（AC）は各プロダクトバックログアイテムごとに設定するとよいとされている、インクリメントが顧客が必要とする価値（アウトカム）を生む状態になったことを確認するための基準。プロダクトオーナーがオーナーシップを持ちつつ、開発者と相談してスプリントで着手する前までに明確にしておくことでプロダクトバックログアイテムを準備完了（Ready）な状態にすることを助ける。 なお、完成の定義・完了の定義・Doneの定義はすべて同じ言葉であるが、訳し方が異なっている。2013年以降は完成の定義と翻訳されるようになった。完成（Done）の定義、完了（Done）の定義、Doneの定義と記載されているものもある。
自己組織化は、イワシの大群や雪の結晶などが代表とされる、自律と秩序が安定して共存している状態。 自己管理は上記を包含しつつ、予算やスケジュールなどもスクラムチームの中で管理していかねばならない要素として明確にした。 スクラムガイド（2020）より引用する。 「以前のスクラムガイドでは、開発チームは自己組織化しており、「誰が」「どのように」作業するかを選択できるとしていた。2020年版ではスクラムチームの自己管理に重点を置き、「誰が」「どのように」「何の」作業をするかを選択できるようにした」※ ※https://scrumguides.org/docs/scrumguide/v2020/2020-Scrum-Guide-Japanese.pdf
スクラムマスターは、スクラムチームと、より大きな組織に奉仕する真のリーダーである。スクラムを確立させることを通じてチームを成功に導く。2017年版の「スクラムガイド」では、サーバントリーダー（細かい指示を出すことよりも支援や奉仕をすることでチームやメンバーの成果を引き出していくリーダー）と表現されていたが、2020年版は上述のとおり、サーバントリーダーの要素は重要だとしたうえで、リーダーシップを発揮する必要性を明示的になる表現にアップデートされている（この変化から、世界中の「サーバント」や「支援」に対するイメージと、スクラムマスターに求められている責任のイメージにギャップがあったと読み取ることができる）。 プロジェクトマネージャーとはちがって、チームを指揮したり、管理監督したり、監視したりはしない。スクラムチームは自分たちのことは自分たちで管理する（自己管理）。
プロダクトバックログは、スクラムチームが行う作業の唯一の情報源となり、プロダクトゴールの達成に必要な活動（プロダクトバックログアイテム）をプロダクトオーナーの責任で並べられたリスト。 スプリントバックログは、スプリントゴールと、スプリントゴールの達成に向けてスプリントで取り扱うことを決めたプロダクトバックログアイテム、それを実現するためのスプリント期間中の計画が含まれたものの総称。バックログは残っている仕事などを指す言葉だが、スクラムの会話の中ではプロダクトバックログを指しているケースが多い。

用語	類語1	類語2	
スプリントレトロスペクティブ	再発防止策・反省会・標準化	ふりかえり	
スプリントレビュー	進捗報告会	–	
相対見積もり	類推見積もり	プランニングポーカー	
デイリースクラム	朝会	スタンドアップ・ミーティング	
テスト駆動開発	テストファースト	–	
プロジェクトマネージャー（PM）	プロダクトマネージャー（PdM）	–	
プロダクト	プロジェクト	–	
プロダクトオーナー（PO）	プロダクトマネージャー（PdM）	プロジェクトマネージャー（PM）	
プロダクトバックログアイテム （PBI）	ユーザーストーリー	ストーリー	
ベロシティ	生産性	–	
ユーザーストーリー	要件	–	

	説明
	スプリントレトロスペクティブは、（プロジェクト期間中などチームの活動が継続している状態で）スクラムチームが自分たちで自分たちをよりよくするためにスプリント期間中の事実やプロセスを見直し、改善する目的で定期的に開催される場である。日本語では「ふりかえり」と称されることが多い。 不具合発生時やプロジェクト終了時に行われるような反省会や再発防止策を考える場ではない。チームで起こったよいことをほかのチームや組織に広めたり広まったりすることは積極的に実現してほしい一方で、ドキュメントの標準化（横展開の実現）は難しいため、経験したことを人づたいで伝播させていく。 ふりかえりは**ノーム・カース**の**最優先事項**を共有したうえで行うとよい。 今日見つけたものが何であれ、チームの全員がその時点でわかっていたことや、スキルおよび能力、利用可能なリソースを余すことなく使って、置かれた状況下でベストを尽くした、ということを疑ってはならない。
	スプリントレビューは、必要なステークホルダーを召集し、プロダクトオーナーが事前に受け入れたインクリメントをスプリントの成果（デモ）として共有し、フィードバックを受けたり、今後の活動について調整を行ったりする会のこと。プロダクトオーナーやステークホルダーに向けて進捗を報告する会ではない。
	相対見積もりとは、複数のアイテムの大きさを比べて大小の規模を見積もること。Tシャツサイズ（S／M／L……）で区分するアフィニティ見積もり、基準を設けることで三角測量を行うこともできる。 類推見積もりは、過去に同程度の仕事をしたことがある経験から、これから行う仕事の規模感や労力を重ね合わせることで規模を見積もること。 プランニングポーカーは、デルファイ法による見積もりをカードを使って簡便に行う方法。前述の要素を各個人で持ちつつ、個人間で見積もりに差が生じたときは、根拠を共有してから見積もりを繰り返すことで収束させていく。カードにはフィボナッチ数列を用いる。 いずれも時間をかけすぎないことに留意して行う。チームにおける計画づくりや共通認識の醸成は非常に重要としたうえで、正確な見積もりを議論するための時間は、できる限り別な活動にあてるとよい。
	デイリースクラムとは、スクラムチームのメンバーが毎日行う最長15分のミーティングのこと。開発者の進捗や今日やること、問題点などを共有し、チーム内の情報格差をなくすとともに、スプリントゴールの達成に向けて計画やスケジュールを調整する目的がある。日本の現場によっては「朝会」と称してデイリースクラムを行う慣習がある（必ずしも朝である必要はない）。デイリースクラムが単なる情報伝達（しかも開発に直接関係しない周知事項など）の場となっている場合は要注意。 エクストリームプログラミングでも、デイリーで行うプラクティスとしてスタンドアップ・ミーティングが登場する。
	テストファーストは、プログラムに必要な各機能について、最初にテストコードを書き、エラーとなる状態にしてから、そのテストが動作する必要最低限な実装を行うことを指す。 テスト駆動開発（TDD：Test Driven Development）は、テストファーストをベースとして「Red／Green／Refactor」で区分するテストだけがエラーの状態＝Red→テストをクリアする実装がされる＝Green→Greenの状態（＝現在の振る舞い）をキープしたまま冗長なコードなどを整理して洗練する＝Refactor）を繰り返すことで、開発を進めていくことを指す。エクストリームプログラミングのプラクティスの1つ。
	プロジェクトマネージャー（PM）は、プロジェクトを率いてプロジェクト目標を達成する責任を負う人。プロダクト戦略の責任者であるプロダクトマネージャー（PdM）とは異なる役割。単にPMと書いてあるとき、プロダクトマネージャーやプロジェクトマネージャーなどの区別が必要。
	プロジェクトは有期の活動で、終わらせることが使命。定められた期間・予算・機能のリリースを守ることを目的にマネジメントされる。 プロダクトは製品のことで、終わらせないことが使命。ビジョンを実現するための手段として市場に投入し、顧客と向き合いながら継続的な成長の実現を狙い続ける。
	プロダクトマネージャーは、企業におけるプロダクト戦略に責任を持つ。 プロダクトオーナーは、スクラムチームから生み出されるプロダクトの価値を最大化することの結果に責任を持つ。 企業のフェーズや規模によってはプロダクトマネージャーとプロダクトオーナーが同一人物が担っていることもあるが、一般的には前者の方が組織における影響範囲が広い。両者はプロジェクトマネージャーの定義とは明確に異なる。
	プロダクトバックログアイテム（PBI）は、プロダクトバックログでリスト化されている項目のこと。 ユーザーストーリーと呼ばれるフォーマット※にもとづいて記載することで、独立した体験の単位でリストを管理できることから、プロダクトバックログの記法として用いられることがある。 以上の特徴から、プロダクトバックログアイテムを（ユーザーストーリー形式で表記されている・いないにかかわらず）「ストーリー」と呼ぶ人もいる。同様に、使用するツールによって「チケット」と呼ばれる現場も見受けられる。付箋1枚に1つの単位で記載すると、あとから並べ替えたり、あとから追加・削除がしやすい。ロン・ジェフリーズの3C（Card／Conversation／Confirmation）などが捕捉情報として登場する。 ※**ユーザーの種類（Who）**として、**機能や性能（What）**がほしい。それは**ビジネス価値（Why）**のためだ。
	ベロシティは、スプリントで完成したポイントの数のこと。チーム内で自分たちの見通しを立てるために用いる。一見「生産性」に思えるが、実際はまったく異なるもの。単位を持たないため、チームによって数字の意味合いが異なることから、単純な大小の比較はしてはいけないメトリクスとなる。チーム外からの評価に用いられるアンチパターンに陥りやすいため、組織やステークホルダーと共有する場合は適切に扱われるようにコミュニケーションする必要がある。
	ユーザーストーリーは、ユーザー目線で体験に必要な機能や理由を表現するもの。 要件は作ってほしい人が作ってほしい相手にインプットする、欲しい内容のこと。文書で伝えられることが多く、伝言ゲームにより要件の背景が伝わりにくくなり、結果的にアウトプットがアウトカムにつながらないというアンチパターンに陥ることが多い。また、プロジェクトの初期や開始前に要件を検討することが多いが、その時点では必要な情報や自分たちにとって本当に欲しいものが明確になっていないことが多い。

索引

- ●装丁　　　　　　　　　井上新八
- ●本文デザイン・DTP　　朝日メディアインターナショナル株式会社
- ●担当　　　　　　　　　中山 みづき

編著者プロフィール

おやかた（@oyakata2438）

大規模プラント向けの計測システムの研究・開発に従事。そのかたわら、2008年より電子工作をテーマに同人サークルを立ち上げ、現在にいたる。また、最近ではエンジニアのスキルに関する合同誌の企画・編集を行っている。技術同人誌の執筆者を増やすため、LT会やカンファレンスでの登壇を通じ勧誘を行っている。

コサカジュンキ（@project_J_K）

KDDIアジャイル開発センター株式会社所属。現在はアジャイルとスクラムの専門家として、知識や経験を活かしながら組織開発に従事。カンファレンス運営やセミナーの登壇など、精力的に活動している。一般社団法人Agile Japan EXPO代表理事。

みんなのアジャイル

2025年2月6日　初版　第1刷　発行

編著者	おやかた、コサカジュンキ（J.K）
発行者	片岡　巌
発行所	株式会社技術評論社 東京都新宿区市谷左内町21-13 電話　03-3513-6150　販売促進部 　　　03-3513-6177　第5編集部
印刷／製本	港北メディアサービス株式会社

定価はカバーに表示してあります。

ISBN978-4-297-14669-6　C3055

Printed in Japan